泥鳅
养殖实用技术

NIQIU YANGZHI SHIYONG JISHU

丁 雷 王雪鹏 主编

中国科学技术出版社

. 北 京 .

图书在版编目（CIP）数据

泥鳅养殖实用技术 / 丁雷，王雪鹏主编 . —北京：
中国科学技术出版社，2017.1
ISBN 978-7-5046-7392-3

Ⅰ. ①泥… Ⅱ. ①丁… ②王… Ⅲ. ①泥鳅—淡水养
殖 Ⅳ. ① S966.4

中国版本图书馆 CIP 数据核字（2017）第 000154 号

策划编辑	王绍昱	
责任编辑	王绍昱	
装帧设计	中文天地	
责任校对	刘洪岩	
责任印制	马宇晨	

出　　版	中国科学技术出版社	
发　　行	中国科学技术出版社发行部	
地　　址	北京市海淀区中关村南大街16号	
邮　　编	100081	
发行电话	010-62173865	
传　　真	010-62173081	
网　　址	http://www.cspbooks.com.cn	

开　　本	889mm×1194mm 1/32	
字　　数	105千字	
印　　张	6.5	
版　　次	2017年1月第1版	
印　　次	2017年1月第1次印刷	
印　　刷	北京盛通印刷股份有限公司	
书　　号	ISBN 978-7-5046-7392-3 / S·610	
定　　价	19.00元	

本书编委会

主　编
丁　雷　　王雪鹏

副主编
路兆宽　李言龙　邹兰柱

编著者
丁　雷　　王雪鹏　　路兆宽　　李言龙

邹兰柱　　宋景愬　　陈红菊　　王　慧

焦红超　　季相山　　赵　燕

P*reface* 前 言

　　泥鳅是一种营养价值高、味道鲜美、具有较高药用价值的淡水水产品，素有"水中人参""天上的斑鸠，地下的泥鳅"的美誉，一直以来在国内都被视为滋补强身的佳品，也受到我国港澳台地区和日本、韩国消费者的青睐，具有广阔的国内外市场，市场价格稳步上升。

　　2010年以来，泥鳅在我国淡水养殖业中的地位逐步提高。全国各地的养殖者充分利用池塘、稻田、藕塘及各种水生农作物塘开展泥鳅养殖，规模大的有投资数百万的现代化精养场，规模小的在家中的缸里饲养，遍地开花。泥鳅的养殖水平和产量也得到了较大提高。山东省肥城市的一家养殖场每667米^{2}产量达到了1500千克以上。而今，生态农业模式正在我国方兴未艾，养殖和种植科学搭配，合理利用空间和资源的农业模式多种多样。作为可以与许多水生作物和水产养殖动物搭配的优良养殖品种，泥鳅必然会越来越得到青睐，其发展前景一片光明。

　　笔者根据多年的养殖和研究实践，在查阅大量专业文献的基础上，编写了这本小书，以期为广大农民朋友介绍一项致富技能，也为泥鳅养殖技术的推广略尽绵薄之力。

由于笔者水平所限以及泥鳅养殖技术的迅速发展，书中若有疏漏或过时之处，恳请读者来信指出，以便再版时加以修正完善。

编 著 者

C*ontents* 目 录

第一章
泥鳅养殖的概况

一、泥鳅的养殖价值

目前，在我国淡水养殖业成本越来越高、产品价格却不见明显提高的趋势下，大多数淡水养殖产品的利润都在下降，泥鳅养殖价值高的优势却逐渐体现出来。泥鳅养殖价值高，主要体现在其营养价值、药用价值高，市场有保障。

泥鳅的营养丰富，味道鲜美，素有"水中人参"之称，是有名的美味佳品。俗话说得好"天上的斑鸠，地下的泥鳅"，正可说明泥鳅在消费者心中的地位。从科学角度分析，泥鳅的可食部分占整个鱼体重的80%左右，高于一般淡水鱼类。据测定，每100克泥鳅肉中含蛋白质18.4～22.6克（高于一般鱼类）、脂肪2.8～2.9克、碳水化合物2.5克、钙51毫克、磷154毫克、铁3.0毫克、灰分 1.85 克，还含有多种维生素和不饱和脂肪酸，其中硫胺素 0.08 毫克、核黄素 0.16 毫克、烟酸 6.2 毫克、尼克酸 5.0 毫克。硫胺素的含量是黄鱼、虾的 3～4 倍，维生素 A、维生素 C 和铁的含量也比其他鱼类要高。特别在夏季怀卵季节，最为肥壮，营养价值也高。由此可见，泥鳅是真正的高蛋白、低脂肪型的高档保健食品。但泥鳅肉中所含胆固醇较高，每百克鱼肉含量达 136 毫克，建议与富含维生素 C 的果蔬搭配食用。

泥鳅还具有较高的药用价值。据《医学入门》记载：泥鳅性味甘、平，具有补中、止泻的功效。我国明朝著名医药学家李时珍编撰的《本草纲目》中记载泥鳅具有暖中益气的功能，对阳萎、腹水、肝炎、痔疮、皮肤瘙痒、小儿盗汗、白癣、漆疮、小便不通、热淋、乳痈、癫痫、跌打骨伤、手指疔疮等病症具有一定的治疗效果。泥鳅中还含有一种特殊的蛋白质，具有促进精子生成的作用，成年男子常食泥鳅有养肾生精、滋补强身之效，对调节性功能有较好的帮助。泥鳅富含微量元素钙和磷，经常食用可以预防小儿软骨病、佝偻病及老年性骨折、骨质疏松症等。将泥鳅熬汤食用，钙质能更好地被吸收。泥鳅富含微量元素铁，对贫血患者十分有益。现代临床医学也证明，用泥鳅食疗，既能增加营养、强身健体，又能补中益气、祛除湿邪、壮阳利尿，对儿童、老人、哺乳期妇女以及患有高血压、冠心病、贫血、肝炎、溃疡病、结核病、皮肤瘙痒、水肿等引起的营养不良、病后体虚、神经衰弱和手术后恢复期病人，具有开胃、滋补等疗效。尤其是对急性黄疸型肝炎患者更适宜，可促进黄疸和转氨酶下降。泥鳅中含有的一种不饱和脂肪酸，能够抵抗血管衰老。泥鳅体表分泌的黏液（滑涎），具有抗菌消炎作用。同时，泥鳅能醒酒，减轻酒精对肝脏的损害，因此，常饮酒的人应多吃泥鳅。

但要注意泥鳅与狗肉相克，阴虚火盛者忌食；毛蟹与泥鳅相克，同食会引起中毒。

二、泥鳅的养殖前景

泥鳅具有广阔的国内外市场。在国内，我国人民一直以来都将泥鳅视为滋补强身的佳品，市场需求年年攀升，市场价格稳中有升。在国际市场上，泥鳅更是畅销紧俏的水产品，是我国传统的外贸出口商品，在日本、韩国和我国港、澳、台地区尤其受欢迎。在日本，泥鳅的价格甚至高于鳗鲡，经常供不应求。国内市场需求量为每年 10 万～15 万吨，但市场仅能供应 5 万～6 万吨，缺口很大，拉动市场价格连年攀升。1995 年全国市场批发价平均为 5～7 元 / 千克，2002 年上涨至 15～18 元 / 千克。近两年，全国市场批发价格均上升到 30 元 / 千克左右（表 1-1）。国际市场对我国泥鳅需求热度也逐年升温，订单连年增加，尤其是日本、韩国需求量较大。连云港口岸仅 2006 年 2 月份 1 个月就出口泥鳅 542 吨，

价值 97 万美元，分别比 2005 年同期增长了 193% 和
239%。据不完全统计，日本、韩国对泥鳅的年需求量在
10 万吨左右，我国已无大货可供。香港、澳门市场也频
频向内地要货，且数量较大。因此，许多部门和专家在
预测未来几年最有前途的水产品时，都将泥鳅养殖作为
热门对象之一。

表1-1　全国部分城市水产品批发市场泥鳅价格　（元/千克）

市场名称	2015 年 10 月（平均）	2016 年 5 月 24 日	2016 年 8 月 31 日
北京岳各庄	30	30	30
北京八里桥农产品批发市场	34	35	35
山东威海水产批发市场	32	32	32
天津范庄子蔬菜批发市场	32	32	32
江苏七里沟农副产品中心	20	32	32
湖北白沙洲农副产品大市场	30	31	24.5
辽宁阜新市蔬菜批发市场	32	32	32
四川江油仔猪批发市场	32	32	32

有了市场销路，发展养殖就有了动力。尤其是近年
来，由于市场需求量增大，人们加大了捕捞天然泥鳅的
力度，再加上农药及工业"三废"等的污染，使得天然
泥鳅资源急剧减少，仅靠捕捞早就难以满足市场的需求。
于是，人工养殖泥鳅开始在各地发展起来。我国的泥鳅

繁育和养殖起步较晚，1985 年随着泥鳅人工繁殖技术的进一步完善，泥鳅养殖业才开始逐步发展起来。目前，在我国南方的一些地方如江苏、浙江、广东、湖南等省进行的泥鳅苗种繁育和养殖推广工作，成效显著。泥鳅人工繁殖的苗种可以和四大家鱼的苗种一样批量供应，池塘养殖成鳅，每 667 米^2（1 亩）产量可高达 1 000 多千克，社会效益和经济效益显著。

从养殖角度来看，泥鳅病害少，繁殖简单，运输方便，而且耐低氧，食性杂，几乎什么动植物食料都能吃，饲料来源广，适应力特别强，几乎能在各种容器和水域中养殖，像木箱、水缸、水桶、土池、水泥池、稻田、莲田、荸荠田等，甚至排水沟中也能养。而且，养殖泥鳅成本低，产品市场价格高，所以经济效益显著。稻田养殖，既可收稻谷又可产泥鳅，一举两得，每 667 米^2 稻田可产泥鳅 50 ～ 100 千克，增加产值 3 000 元以上；池塘养殖，每 667 米^2 可产泥鳅 1 000 多千克，产值至少 30 000 元，除去苗种、饲料、水电、防治疾病药物成本等，产生 1 万元纯利是有保证的；网箱养殖，普通 8 米^2 网箱，可产泥鳅 1 000 千克左右，产值也要过万元，由于网箱养殖成本较高，每个网箱纯利润能达 5 000 元左右。

事实证明，泥鳅养殖有广阔的市场为依托，有成熟的技术为保证，必能带来可观的经济效益，帮助养殖者走上致富之路。

第二章
泥鳅的养殖种类和习性

一、泥鳅的养殖种类

我国的鳅科鱼类约有100多种和亚种，与泥鳅在外形上相似的常见种类，有泥鳅属的北方泥鳅，条鳅属的北方条鳅，北鳅属的北鳅，花鳅属的中华花鳅和大斑花鳅，沙鳅属的中华沙鳅，副泥鳅属的大鳞副泥鳅和花斑副泥鳅，薄鳅属的长薄鳅等（图2-1）。

1. 泥鳅 又叫真泥鳅，身体圆筒形，5对须，上颌3对，较大；下颌2对，一大一小。没有眼下刺，尾鳍圆形。鳞极细小，头部无鳞。吻端到背鳍的距离占体长的53%～61%，背鳍起点在腹鳍起点之前。尾柄长是尾柄高的1.3～1.8倍。体背及体侧上部呈灰黑色，散有黑色斑点，体侧下半部灰白色或浅黄色。尾鳍和背鳍较灰暗且有小斑点；其他鳍为灰白色或淡黄色，尾鳍基中央稍

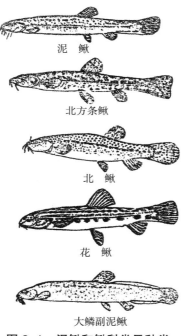

泥 鳅

北方条鳅

北 鳅

花 鳅

大鳞副泥鳅

图2-1 泥鳅和鳅科常见种类

上方常有一个亮黑斑。体表黏液较多，头部尖，吻部向前凸起，眼和口较小。除青藏高原外，我国大多数地区的淡水水域均有分布，以长江水域和珠江水域的产量为最大。是养殖的主要种类。

2.北方泥鳅 别名泥鳅、泥勒勾子，身体圆筒形，细长。须较短，没有眼下刺。尾柄皮褶棱不发达。尾鳍形状是圆形。鳞小，头无鳞。吻端到背鳍的距离最多占体长的60%，而且腹鳍起点略后于背鳍起点，与背鳍第2～4根分枝鳍条基部相对。尾柄长是尾柄高的1.9～2.9

倍。仅分布在内蒙古、黑龙江和辽河上游。

3. 北方条鳅 身体圆筒形，3 对须，无眼下刺，尾鳍形状为截形。鳞小或不明显。是北方常见种类，多见于山区溪流中。

4. 北鳅 别称八须泥鳅、纵带平鳅、须鼻鳅、泥鳅等，是北鳅属在我国的唯一种类。外形粗看上去很像泥鳅，但它有 4 对须，鼻须 1 对，上颌须 3 对（2 对在吻端，1 对在口角），其中口角的 1 对为长，后延可达眼后缘。头扁平，头宽大于头高；吻宽阔，吻宽大于吻高。鳞片很小，无侧线，尾鳍圆形。体背侧淡黄褐色，杂有不规则的黑色斑点。雄鱼体侧自吻部到尾鳍中央有 1 条黑色斑纹，雌鱼没有或仅在体后部略显，腹侧白色。鳍淡黄色，背鳍、胸鳍和尾鳍灰暗且有黑色纹。主要分布在黑龙江、吉林、辽宁、内蒙古、河北和山东等地。

5. 中华花鳅 身体圆筒形。须 3 对，眼下刺分叉。侧线不完全。背鳍起点距吻端与至尾鳍基距离相等。尾柄较短，尾鳍稍圆或平截。体侧沿纵轴有 15～21 个斑块，尾鳍基上侧具一黑斑。属小型底栖鱼类，生活于江河水流缓慢处。以食小型底栖无脊椎动物及藻类为主。分布于长江以南各江河。

6. 大斑花鳅 身体延长，侧扁。须 3 对。眼下刺分叉。侧线不完全。背鳍起点距吻端较距尾鳍基为近。尾柄较长，尾鳍后缘平截或稍圆。体侧沿纵轴有 6～9 个较大的略呈方形的斑块，尾鳍基具一黑斑。底栖鱼类。

生活在江河、湖泊的浅水区。个体小，数量不多。分布于长江中、下游及其附属水体。

7. **中华沙鳅**　小型鱼类，体长9～18厘米，体态纤细，体色艳丽，体表有美丽的斑纹。吻长而尖。须3对。颏下具1对钮状突起。眼下刺分叉，末端超过眼后缘。颊部无鳞。腹鳍末端不达肛门。肛门靠近臀鳍起点。尾柄较低。为鳅科、沙鳅属的鱼类，是我国的特有物种。分布于澜沧江、四川东部盆地和盆周低山区江段，湖北宜昌、甘肃文县等亦有分布。

8. **大鳞副泥鳅**　俗名大泥鳅，是我国的特有物种。分布于四川省内的长江、嘉陵江和岷江水系以及浙江和台湾、黄河、辽宁辽河中下游、黑龙江等。其外形与泥鳅相似，有5对须，其中吻须2对，口角须1对，颏须2对。无眼下刺。尾鳍形状是圆形。其鳞大，侧线鳞不到130片。生活习性与泥鳅相似，个体稍大，分布比较广泛，有较高的养殖价值。只是它的天然资源较少，不易捕捉到。

9. **花斑副沙鳅**　颏下无钮状突起。须3对，口角须较长。眼下刺分叉，末端达眼球中部。颊部被细鳞。腹鳍末端距肛门甚远。尾鳍叉形。肛门位于腹鳍基至臀鳍起点之间的前3/5处。栖息于砂石底质的江河底层。食水生昆虫和藻类。个体小。广布于北起黑龙江南至珠江的各江河。

10. **长薄鳅**　俗名薄花鳅、红沙鳅钻等，体长，侧扁，尾柄高而粗壮。头侧扁而尖，头长大于体高。吻圆钝而短，口较大，亚下位，口裂呈马蹄形。颏下无钮状突起。须3对，吻须2对，口角须1对。眼下刺，末端超过眼后缘，不分叉，长度大于眼径。前后鼻孔之间有一分离的皮褶。背鳍和臀鳍均短小，无硬刺。背鳍位于体的后半部。胸鳍基部有1个长形的皮褶。尾鳍深叉状，浅黄褐色，有3～4条褐色条纹。鳞极细小。侧线完全。头部背面具有不规则的深褐色花纹，头部侧面及鳃盖部位为黄褐色，身体浅灰褐色。较小个体有6～7条很宽的深褐色横纹，大个体则呈不规则的斑纹。腹部为淡黄褐色。背鳍基部及靠边缘的地方，有2列深褐色的斑纹，背鳍带有黄褐色泽。胸鳍及腹鳍呈橙黄色，并有褐色斑点。臀鳍有2列褐色的斑纹。是我国的特有物种。主要分布于长江中上游干支流及其附属水域，一般栖息于江河底层。长薄鳅是薄鳅类中个体最大的种，一般个体重1.0～1.5千克，最大个体可达3千克左右，是长江中上游干支流的重要经济鱼类之一。近年来因其所食的小杂鱼明显减少，江河上游水土流失、水文条件的改变又使其栖息条件及产卵场所受到破坏，再加上过度捕捞等综合因素，使长薄鳅的数量明显下降。

综上所述，北方条鳅、北鳅、花鳅个体小，生长慢，养殖价值较小。泥鳅和北方泥鳅生活习性相似，个体较大，数量较多，肉质细嫩，有较高的养殖价值。在我国南方一些地区，大鳞副泥鳅养殖已初具规模。长薄鳅也有很好的养殖前景。

表 2-1　常见鳅类的特征识别

种　名	眼下刺	口　须	尾鳍形状
泥　鳅	无眼下刺	5 对	圆形
北方条鳅	无眼下刺	3 对	截形
花　鳅	眼下刺分叉	3 对	圆形或略呈截形
花斑副泥鳅	眼下刺分叉	3 对	叉形
大鳞副泥鳅	无眼下刺	5 对	圆形
长薄鳅	眼下刺不分叉	3 对	叉形
北　鳅	无眼下刺	4 对	圆形

这几种有养殖价值的泥鳅，养殖者可以根据自己所在地的资源条件选择养殖。在我国大多数地区，还是以养殖泥鳅为主。

二、泥鳅的生活习性

泥鳅是温水性底层鱼类，喜欢生活在有底泥的不流动的或者流动缓慢的水中，如湖泊、池塘、水田、沟渠等浅水水域富含腐殖质的底泥表层，喜欢中性或者偏酸性（pH 值 6.5～7.2）的黏土。适宜生长的温度是 10～30℃，最适宜的温度是 22～28℃。当水温在 10℃以下或 30℃以上时，泥鳅活动明显减弱；当水温在 6℃以下或 34℃以上时，或者池水干涸时，泥鳅就会钻到泥里面去，停止活动。冬天，泥鳅常钻入泥里越冬。第二年春天，水温升到10℃以上时，才出来活动。

泥鳅在水的底层生活。它对环境的适应能力非常强，既能在水中游泳，又能钻到底泥里。它昼伏夜出，白天钻到底泥里休息，晚上出来在水底寻找食物。由于长期生活在黑暗的环境中，它的视力极度退化，变成了"瞎子"。但是，它的感觉却很灵敏。泥鳅的感觉主要是触觉，靠触须来寻找食物。另外，它的侧线系统也很发达和灵敏，可以依靠它们来感觉水的变化，逃避敌害。有的时候，泥鳅傻呆呆地伏在水底，一动不动，即使人走近了，它也没有反应，好像一伸手就能抓起来。可是当人一伸手刚触及水面时，它就能马上感觉到，立即迅速地溜走。

泥鳅用鳃、皮肤和肠呼吸。一般情况下，在水中用鳃呼吸；当水中缺氧时，泥鳅浮游于水面，吞咽空气，用肠呼吸，在肠管内进行气体交换，然后从肛门排出废气。冬天，池水干涸后，泥鳅会钻入泥中，靠湿润的环境进行肠呼吸，也能维持生命。当它离开水时，还能用皮肤呼吸。用肠呼吸，是泥鳅特有的呼吸方式。所以在缺水时，只要泥鳅的皮肤保持湿润，就能存活很长一段时间。

泥鳅的另一个特点是极易逃逸。当春夏涨水时，一旦池壁有小洞，泥鳅就会逃之夭夭。尤其是在夜间和长时间下雨、水位上涨的情况下，泥鳅很容易从池子的进水口、排水口逃走。由于泥鳅能用肠呼吸，所以能在空气中长时间生活，逃逸的几率自然大于其他养殖鱼类。因此，在养殖期间要经常检查池塘、稻田和网箱等，及时修补漏洞，防止泥鳅逃逸。

泥鳅的食性很杂，几乎什么都吃。水里面的藻类、水生植物的种子与嫩芽、轮虫、水蚤、桡足类、底栖昆虫（像摇蚊幼虫、蜻蜓幼虫、丝蚯蚓）和底泥中的有机碎屑等，都是泥鳅的天然饵料。喂养泥鳅的人工饵料，有陆生蚯蚓、蚕蛹、螺蚌肉、畜禽下脚料、面包虫、蝇蛆、鱼粉、豆饼、麸皮、米糠、花生饼和酒糟等。泥鳅对动物性饵料最为贪食，而且特别喜欢吃鱼卵，即使是自己产的卵，如果不及时取走，也照吃不误。

泥鳅白天潜伏于泥中，晚上出来吃食。它用口须寻找食物，发现食物后用口须挑选一下，把可口的吃掉，不可口的丢掉。有时，泥鳅在白天也出来吃食。一般来说，泥鳅在上午7～10时和下午4～6时吃食最多，也最能吃，而在早晨5点左右，最不愿吃食。这个规律可在人工养殖时加以利用。另外，泥鳅由于上午7～10时最愿吃食，所以在人工养殖条件下，完全可以白天喂食。

泥鳅的摄食量与温度有关。10～30℃是泥鳅的生长适宜温度。在此温度范围内，随着温度的升高，泥鳅食欲逐渐增大，水温上升到25～27℃时，食欲特别旺盛。一旦水温超过30℃，或低于10℃，食欲开始减退。另外，产卵前期的亲鳅比平时摄食多，雌鱼比雄鱼摄食多。

泥鳅在不同生长阶段的食性并非完全一致。体长 5 厘米以下的泥鳅苗，以动物性饵料为主，主要摄食原生动物、轮虫、枝角类、桡足类、丝蚯蚓等，人工养殖条件下，也吃蛋黄；体长 5～8 厘米时，逐渐变为杂食性，食物个体也更大些，像摇蚊幼虫、丝蚯蚓、水生植物嫩叶与种子、丝状藻、有机碎屑、糠、饼、豆渣等动植物饵料，都可以吃；体长 8～10 厘米时，摄食小型甲壳类、昆虫以及植物的根、茎、叶和种子等。

泥鳅对动物性饵料的消化速度比植物性饵料快。如对浮萍的消化速度约为 7 小时，消化蚯蚓约需 4.5 小时，消化浮游动物只需 4 小时。

在鱼池中，它更多的是吃其他鱼类的剩饵残渣，当"清洁工"。当然，在人工养殖条件下，鲜活的动物性饵料多的时候，它也是非常贪吃的。

三、泥鳅的繁殖习性

泥鳅为雌雄异体，进行体外受精。从出生到能繁殖，需要 2 年的时间。每年 4～9 月份是它产卵的时期，其中 5～7 月份产卵最旺盛。产卵时，要求水温在 18～30℃，以 24～28℃为最好。

泥鳅能一年多次产卵，每次历时 4～7 天。它常选择水深 30 厘米左右的水田、沟渠、湖汊等有流水和水草的浅滩做产卵场，时间常在雨后夜间或凌晨，有时白天也产卵。产卵期间，泥鳅胆子较大，要到水面上追逐。常常能见到发情的泥鳅在水面上游动，数尾雄鳅追逐一尾雌鳅，不断地用嘴吸吻雌鳅头部、胸部和腹部，刺激雌鳅发情。发情高潮时，雄鳅本能地用身体卷住雌鳅肛门前方腹部，生殖孔相对，刺激雌鳅产卵。当雌鳅产出卵子后，雄鳅马上在卵上排精，完成授精作用。产卵后的雌鳅腹鳍后方身体两侧腹部各留下一个近圆形的白斑状伤痕，这是由于在雄鳅卷压雌鳅时，雄鳅胸鳍小骨板和背鳍的肉质小隆起的摩擦使雌鳅腹部受伤，造成小型鳞片和黑色素的脱落，留下一道圆形的白斑状"伤痕"。这种伤痕也常常作为雌鳅产卵好坏的标志。如果发现雌鳅腹部两侧出现新的白斑，表明已产过卵了，并且白斑越深越大，产卵越多；反之，是产卵不佳（图 2-2）。

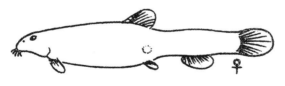

图 2-2　产卵后带白斑的雌鳅

受过精的卵子具有一定的黏性，黏附在水中的水草或石块上，开始孵化。但泥鳅卵的黏性不强，极易脱落，落在水底的卵也能孵出鳅苗。泥鳅的怀卵量与体长有关，具体情况可参考表 2-2。泥鳅卵为圆形，米黄色，半透明，卵径为 0.8～1.0 毫米，吸水后达 1.2～1.5 毫米。其孵化期长短与温度密切相关。水温 19.5℃时，受精后 48 小时 45 分钟，孵出鳅苗。温度升高，孵化时间则缩短。

表 2-2 　雌鳅怀卵量与体长的关系

体长（厘米）	8	10	12	15	20
怀卵量（粒）	2000	7000	13000	15000	24000

刚孵出的鳅苗通常叫仔鳅，长 3.7 毫米左右，用吻端的黏着器官挂在水草或其他物体上，不摄食，以卵黄囊为营养。3～4 天后，卵黄囊消失，仔鳅就可以四处游动寻找食物了。

泥鳅繁殖的成功与否还与其繁殖期间的密度和雌雄配比有关。据大量试验和生产报道，在泥鳅产卵过程中，亲鳅的放养密度 15 尾／米^2、雌雄比例 1∶3 最为适宜。放养密度过大，则不产卵或产卵率、卵的受精率和孵化率均较低。

第三章
泥鳅的苗种繁育

一、泥鳅养殖周期

养殖泥鳅一般需 1 年或 2 年。

如果购买他人鳅种或捕捉天然鳅种，直接从鳅种开始养殖，一般当年即可养成成鳅。

如果自行孵化苗种，则需 2 年养成。一般需要经过亲鳅选购、亲鳅培育、人工授精、人工孵化、鳅苗培育、鳅种培育、越冬、成鳅养殖等过程。

二、泥鳅种苗来源

泥鳅的种苗可以在自然水域捕捉天然种苗，也可以购买他人培育的苗种，技术好的养殖户还可以自行繁殖种苗。

需要提醒农民朋友的是，捕捉的天然苗种，往往数量不够，质量不好，其中多有受伤的种苗，而且规格大小不一，养殖期间容易死亡。因此，最好不要单一依赖捕捉的苗种，只能作为补充手段，弥补人工苗种的不足。

三、野生泥鳅种的捕捉

泥鳅怀卵量少，鳅苗成活率低，养殖中常出现苗种不足。为此可以捕捞天然水域的泥鳅苗种，以补充人工繁殖鳅苗的不足。

泥鳅苗种采捕的方法很多。通常夏季大雨以后，泥鳅苗种集中于稻田注水口、河沟跌水坑等有流水处戏水游泳。这时可以用抄网抄捕，捕捞方便，捕捞量较大。

平时，可以用密眼的鳝笼设在河沟、稻田、湖泊和港湾里收集鳅苗，方法与诱捕亲鳅相同。

日本人设计了一种在稻田中诱捕幼鳅的方法，十分有效。方法是：用一根直径 1 米左右的水泥短管或其他管材，直立埋在稻田中或沟渠里，上端高出水面 30 厘米，上口用网布扎住，或者套一个马口铁做成的向里的卷边，防止泥鳅逃出。在管壁与泥面相平齐的地方，沿管周开数个直径 10 厘米的圆孔，并在管壁圆孔内侧套上用网目 3 毫米的金属网制成的漏斗状倒须，使泥鳅只能进不能出。在水泥管里放上诱饵，如豆饼、螺蚌肉和蚯蚓等，以引诱鳅苗爬入（图 3-1）。每天傍晚放入饵料，次日上午收苗。据报道，有人用这种装置在七八月间的一个月内，投饵30余千克，从不到1333.4米²的稻田里诱捕到幼鳅30～40千克。

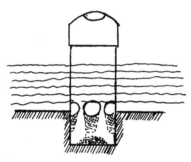

图3-1　用水泥管诱捕泥鳅

　　捕捉到的天然泥鳅苗种必须先放入大水缸或水族箱中暂养，每天换水1次，并投入少量饵料。如果要长途运输，则不喂饵料。要经常观察，发现有发黑、游动缓慢的个体，或者体表有伤、有残、有寄生虫的个体，应及时剔除。两三天后，用大盆盛水，每立方米水放入漂白粉10克或食盐30千克，水温20℃左右时浸洗鳅种10分钟左右，再按大小分开，入池饲养。

四、人工繁育泥鳅苗

　　人工繁育泥鳅苗是一项长期的、繁重的、技术含量要求较高的工作。一般要求养殖户要有多年养殖经验，还要有从事其他养殖鱼类人工繁殖的经历，才能较好的进行泥鳅苗种繁育。

泥鳅苗种繁育共分五步：

第一步，先要挑选适合繁殖的亲鳅，再进行精心的亲鳅培育。这是泥鳅繁殖的基础，也是最重要的工作之一。

第二步，当水温适合、亲鳅性腺发育成熟时，就可以进行亲鳅的交配、产卵受精工作了。人工繁殖过程中，泥鳅的产卵受精，可以采用雌雄配对饲养，使亲鳅自然交配、产卵受精的方式，也可以采用人工催产、人工授精的方式。

第三步，受精卵的孵化。一般采用集卵、人工孵化的方式进行。

第四步，鳅苗培育。一般用水泥池，也可用小土池。

第五步，鳅种培育。一般用较大些的土池，也可用稻田、网箱、水生作物田等。南方一些地区都省略此步，直接进入成鳅养殖阶段。

（一）繁殖用亲鳅的选择

繁殖用的亲鳅可以用自己养殖的商品鳅，再加以培育，使它们达到性成熟后用来繁殖，也可以从市场上购买性成熟的泥鳅，或从湖泊、稻田、沟渠和湖汊中捕捉野生鳅作为亲鳅。自己培育的亲鳅质量好、数量大，而且不会带入新的传染病。但是用这种亲鳅进行繁殖，容易造成近亲繁殖，使泥鳅生长速度、抗病力和怀卵量等性状下降。所以，每年春、夏、秋季，还有必要从外界引进一些亲鳅，与自己培育的亲鳅交配，以避免近亲繁殖。

选择亲鳅，先要进行雌雄鉴别。雌雄泥鳅的鉴别，可根据外形特征进行（表3-1，图3-2）。成熟雌鳅个体大，身体呈圆柱形，胸鳍宽短，前端圆钝呈扇形，静止时鳍条平展在同一平面上。腹部明显突出，生殖孔外翻呈红色。雄鳅个体小，体形细长，胸鳍狭长，呈镰刀状，前面1～4鳍条比后面其余的鳍条长而粗，而且第一鳍条末端尖而上翘，造成整个胸鳍末端尖而上翘，并且胸鳍的第二鳍条的基部有骨质薄片。生殖季节，雌鳅肚大、腹圆、肥胖，肉眼可见明显的"怀孕"状态；雄鳅腹部小，用手轻轻挤压有白色精液流出。此时，雄鳅背鳍体侧还会出现肉质小隆起。

表 3-1　雌雄亲鳅鉴别表

部　位	雌　鳅	雄　鳅
个体	较大	较小
胸鳍	短圆近扇形，第二鳍条基部无骨质薄片	长尖近刀形，第二鳍条基部有骨质薄片，鳍条上有追星
背鳍	正常	末端两侧有肉瘤
腹部	产前明显膨大	不膨大，较扁平
背鳍下方体侧	无纵隆起	有纵隆起
背鳍上方体侧	产后有一白色圆斑	无圆斑

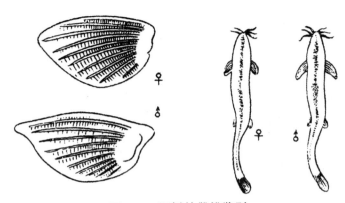

图 3-2　泥鳅的雌雄鉴别

　　雌雄亲鳅要按 1∶2 比例挑选。所选亲鳅要求体形端正，体质健壮，体色鲜亮，体态丰满，体表黏液正常，无病，无残，无伤，性情活泼，挣扎有力，年龄在 2 龄以上。雌鳅要体长 15～20 厘米，体重 30～50 克，腹部膨大，从背部上方直视要能看到灰白色的腹部，轻压腹部柔软而富有弹性，色泽略带粉红或黄色，有透明的感觉；雄鳅要体长 10 厘米以上，体重 10 克以上，最好能与雌鳅体长相近，胸鳍上要有追星。如果是产卵期捕到的雄鳅，可以解剖一尾鉴定其是否性成熟。方法是：破腹取出精巢，切开一部分，将渗出的白色精液放在生理盐水中，如果像牛奶滴在水里一样，迅速散开，说明精巢成熟了；如果精液在生理盐水中像一条条白丝一样，粘连在一起不容易散开，说明精巢尚未成熟，不要选用。

（二）亲鳅的强化培育

选择好亲鳅后，要进行一段时间的强化培育，以使亲鳅性腺良好发育。应做好以下几点：

1. **选择培育池**　亲鳅培育池最好用长方形水泥池，面积为 50～100 米^2，池深 1.2 米，水深保持 40 厘米以上，池底要有 10 厘米厚的淤泥层，在池的两个对角上设置进、排水口，进、排水口要装设铁丝网或尼龙网，以防止泥鳅从进、排水口逃跑。

2. **清整亲鳅池**　亲鳅放养前 10～15 天，把池水放干，进行清整，检查进、排水口是否畅通，防逃网是否完好无损，池底能否保持水位等。然后按每 667 米^2 75 千克生石灰化水做全池泼洒消毒。若底质有机物过多，有臭味，则应该全部换掉。1 周后，每 667 米^2 施有机肥 100 千克作基肥。4～5 天后，往池内注水至 50 厘米深。

3. **放养亲鳅**　把挑选好的亲鳅用 3%～4% 的食盐水浸泡 10～15 分钟。浸泡时要随时观察，发现亲鳅有不正常反应，马上停止浸泡。然后按每 667 米^2 6 000～10 000 尾的标准，放入亲鳅培育池。可以雌雄分养，也可以按雌雄 1∶2～1∶3 的比例混养。

4. **培育管理**　泥鳅是杂食性鱼，动、植物食物都喜欢吃。动物性饲料有水蚤、丝蚯蚓、陆生蚯蚓、蚕蛹和鱼粉等，植物性饲料有麦麸、米糠、豆饼、豆渣、玉米粉、花生饼、菜籽饼和酒糟等。养殖者可从当地实际出发，因地制宜地选择营养丰富、价格低廉的饲料，以降低养殖成本。

投喂饵料，当水温为 15～17℃时，动物性饵料应占饵料总量的 30%，植物性饵料占 70%。随着水温的上升，应逐渐加大动物性饵料的含量。当水温升到 20℃以上时，动物性饵料含量应增至 60%，植物性饵料含量降至 40%。日投饲量为亲鳅体重的 5%～7%，繁殖前增加至 10%。饵料要做成团状和块状，放在饲料框中，沉入水底，任泥鳅自由取食。要设多个投喂点，以便让所有亲鳅吃饱吃好。一天中，通常分上午、下午和傍晚 3 次或上、下午 2 次投喂，每次投喂量以 1 小时内吃完为度。泥鳅吃食时，要保持环境的安静，禁止闲人走近。

培育期间，要保持水质良好，发现水色变黑、混浊，亲鳅不停地蹿出水面"吞气"时，要立即换水。如果水质过清，要适当追肥，保持水质肥、活、嫩、爽。每隔 3～4 天定期换水 1 次，每次换水量为池水的 1/3。夏季高温季节，要在池中投些水草或遮阴降温。每次进、排水前，要检查防逃网是否牢固。平时要防止鸭、鹅、犬、猫进入养鳅的地方，注意预防疾病。

亲鳅的强化培育工作如图 3-3 所示。

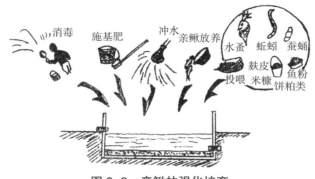

图 3-3 亲鳅的强化培育

（三）泥鳅的自然产卵受精

泥鳅的产卵季节在 4～9 月份，最旺盛的时期是 5～7 月份。在亲鳅培育期间，要经常检查泥鳅的成熟情况。在雌雄亲鳅混养的池中，如果发现有雄鳅追逐雌鳅的情况发生，就可以进行泥鳅的自然受精了。

泥鳅的自然受精，可以在亲鳅培养池中，可以在稻田养鱼的鱼凼中，也可以选择面积为 5～10 米^2 的小水泥池、小土池，水深为 40～50 厘米，最好能保持微流水。池中每平方米放 3～10 组亲鳅，每组亲鳅雌雄比例为 1:2～1:3 较为适宜。

当水温达 18℃左右时，在池内铺放上事先准备好的鱼巢，然后再放入亲鳅。鱼巢用成束捆扎好的水草、杨柳根须、棕榈皮等，事先用高锰酸钾溶液或氯制剂溶液（漂白粉或优氯净、强氯精、溴氯海因、二氯海因等溶液，通称氯制剂溶液）浸泡半小时，再用清水冲洗干净后晾干备用。产卵期间，要经常检查和清洗鱼巢上的泥尘污物，以免产卵时影响泥鳅卵附着。

泥鳅在水温较低（18～20℃）时，一般在晴天的清晨或上午 10 时前产卵；当水温在 20～28℃时，多在雨后或半夜产卵。产卵时，多在水表面和鱼巢周围，几条雄鳅追逐一条雌鳅，并不断用嘴吸吻雌鳅头部和胸部。发情到高潮时，一条雄鳅紧紧缠住雌鳅腹部，刺激雌鳅产卵，随即雄鳅排精在卵上，完成授精（图 3-4）。在 2～3 分钟内连续数次，一般在上午 10 时左右结束。当产卵结束后，应立即把黏着卵的鱼巢取出，放入孵化池或其他孵化器内孵化。将附有鱼卵的鱼巢取出后，必须同时换上新鱼巢，让泥鳅继续产卵。如果不能及时取出鱼卵，泥鳅就会把卵吃掉。

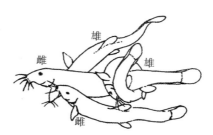

图 3-4　泥鳅发情交配示意图

（四）泥鳅的人工催产和授精

如果让泥鳅自然产卵，每条雌鳅产卵的时间不同，

有早有晚，有的 4 月下旬就能产卵了，而有的能拖到
8～9 月份才产卵，这样很不方便生产管理，费时费力费
工。人工授精可以使亲鳅集中产卵，卵集中孵化，从而
得到大量规格一致的鳅苗，有利于规模化生产。所以，
有技术、有经验的养殖户，最好实行泥鳅的人工授精。

人工授精，就是人为地给泥鳅注射催产激素，然后
采用人工杀死雄鱼采精、挤压雌鱼腹部采卵的方法得到
精、卵，然后使精、卵混合完成授精的过程。

当然，人工授精要损失雄鱼。所以，为了使亲鳅集
中产卵，也可以采用人工催产，自然产卵、受精的方式，
进行人工繁殖。

1. 准备人工催产工具　进行泥鳅催产，应准备的常
用工具有：小研钵 2 个，用来研磨脑垂体和精巢；1～2
毫升注射器数个和 4 号注射针头数只，用来注射催产药
物；剪子、手术刀、镊子各 2 把，用来摘取雄鳅精巢；
家鹅的硬羽毛数支，用来搅拌精液和卵子；格林氏液，
数量依催产鱼的数量准备；500 毫升或 1 000 毫升棕色玻
璃瓶 1 个，用于存放格林氏液；10 毫升或 20 毫升吸管 2
支，用于吸取格林氏液；500 毫升烧杯数只，用于存放
卵和精液；数条毛巾，用于注射时包裹亲鳅；木桶或水
盆数只，用于催产前存放亲鳅（图 3-5）。

格林氏液的配方为：1 000 毫升蒸馏水中加入氯化钠
7.5 克、氯化钾 0.2 克和氯化钙 0.4 克，充分溶解。也可
以用购买的医用生理盐水代替格林氏液。

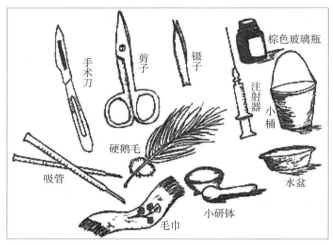

图 3-5 泥鳅人工催产的工具

　　2. 泥鳅人工催产的常用药物　有四种：鲤鱼或鲫鱼的脑垂体、地欧酮（DOM）、绒毛膜促性腺激素（HCG）和促黄体生成素释放激素类似物（LRH-A2）。脑垂体要从活鲤鱼或活鲫鱼头上取，后三种可以向厂家订购。现在我国生产鱼用激素质量较好的厂家有：宁波第二激素厂，宁波市激素制品厂，南京动物激素厂，上海实业科华生物技术有限公司等。

　　催产药物的制取和配制方法如下：

　　（1）脑垂体的制取和配制　鲤鱼或鲫鱼脑垂体要在冬天或春天摘取。先捉住一条 500 克以上的活鲤鱼或250 克左右的活鲫鱼，用电电昏或用锤子敲昏，用剪刀剪开眼上方的头盖骨，露出鱼脑，然后剪断脑与眼相连的白色较粗的脑神经，把整个鱼脑向前翻起，即能见到一粒白色小米粒大小的脑垂体，留在鱼脑下面的一个小窝内，用镊子沿脑垂体柄部轻轻钩一下，再用镊子小心将脑垂体托出，放到盛有丙酮或无水酒精的瓶子里（图3-6）。每次可以多取一些脑垂体，放在瓶子里。以后每隔4～6小时更换1次丙酮或无水酒精，连续脱水8～12小时后，取出晾干，再放在小瓶内密封保存。也可以直接保存在丙酮或无水酒精瓶中密封，直到用前晾干。

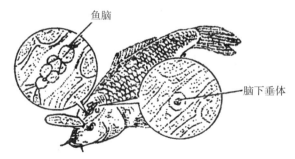

图3-6 摘取鲤鱼脑垂体

使用时要将脑垂体配制成悬浊液。先用研钵把晾干的脑垂体研成细粉，再逐渐加入格林氏液，搅拌均匀。一般用量为每尾亲鳅用1个垂体和0.2毫升格林氏液配成的悬浊液。

（2）催产药物的配制 一般每千克雌鳅用地欧酮5毫克加促黄体生成素释放激素类似物25微克效果最好。雄鳅用药量减半。据试验报道，用每尾雌鱼用地欧酮

1毫克、绒毛膜促性腺激素70～100国际单位和促黄体生成素释放激素类似物2微克，雄鱼减半，催产效果也很好。而单独使用任何一种药物催产效果都不好。

每尾亲鳅注射剂量为0.2毫升。配制时，可以取几尾鱼的用量，然后用几尾鱼的格林氏液剂量溶解。催产时用注射器抽取0.2毫升注射即可。

3. 泥鳅的人工催产　当发现亲鳅培育池的个别雌雄亲鳅有追逐现象后，就可以进行人工催产。选一个晴朗的日子，把亲鳅捕捉上来。泥鳅溜得快，易粘泥，不好捕捉，通常用鳝笼捕捉、脸盆诱捕和干池清捕。

鳝笼捕捉是利用密眼鳝笼，夜晚放入亲鳅池，泥鳅夜晚出外觅食时被捉。脸盆诱捕是在洗脸盆里放上饵料，盆口罩上一块塑料薄膜绑紧，塑料薄膜上捅一两个拇指大小的洞，然后把面盆埋入亲鳅池底泥中，盆上沿与泥面相平，露出盆口，晚上泥鳅出外觅食，被饵料引诱而钻入盆中，第二天清晨连盆带鳅一块端出来。干池清捕就是放干池水，清除底泥，边清边将泥鳅捡出。捕出的亲鳅暂养于水桶或大盆中，等待催产（图3-7）。

人工催产多在当天下午或傍晚进行，这样亲鳅正好在第二天凌晨或上午发情产卵，有利于生产操作。人工催产时，捞出亲鳅，用湿毛巾包住，进行体腔注射或肌内注射。肌内注射时要露出背部，注射器与鱼体呈30°角，针头朝向亲鳅头部方向，扎在侧线与背鳍之间

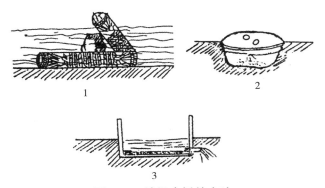

图 3-7 捕捉亲鳅的方法

1.鳝笼捕捉 2.脸盆捕捉 3.干池捕捉

的肌肉上，入针深度为 0.2 厘米，再把药液慢慢推入。体腔注射要把泥鳅翻过身来，腹部向上，注射部位是腹鳍或胸鳍基部，先抬起鳍条，从鳍基部无鳞处由后向前插入针头，使注射器与鱼体呈 30° 角，入针深度为 0.2 厘米，再慢慢推入药液（图 3-8）。为防止进针太深，可以用细胶管套住注射针基部，只露 0.2～0.3 厘米的针头。

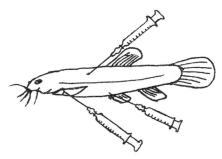

图 3-8 泥鳅人工催产的注射部位

由于泥鳅体表分泌有大量黏液，活动能力又强，所以注射时很难控制。抓鱼的手，用力过大，会对泥鳅造成伤害；用力过小，又无法固定其身体注射。所以，生产中技术人员想出了很多有效的方法限制泥鳅的活动。浙江湖州水产站在注射时用 0.1% 乙醚麻醉泥鳅再注射，然后用冲水的方法使其苏醒。催产效果不错，但操作中乙醚具强烈挥发性，对生产者有危害。也有生产厂家用冰块降低泥鳅的活动，但会对亲鳅有伤害。山东潍坊的一家养殖场采用光滑台面加羽毛球拍的方法注射泥鳅效果极好。方法是：准备一个光滑的大理石台面和一个羽毛球拍。注射时，台面上泼水，将泥鳅逐尾用捞海放到台面上，用羽毛球拍压住泥鳅，注射者只需轻拢泥鳅就可顺利注射，绝不会使泥鳅受伤。

将注射后的亲鳅放入网箱或水缸内，待其发情时再捞出进行人工授精。也可以把注射过药的亲鳅放入产卵池中，同时放入人工鱼巢，让其自然产卵受精。

4. 泥鳅的人工授精　注射激素后的亲鳅发情时间与水温有关。水温为 20℃时，亲鳅 15 小时以后发情；水温为 25℃时，亲鳅 10 小时以后发情；水温为 27℃时，亲鳅 8 小时左右即可发情。所以在 4 月份，如果傍晚催产，第二天上午 10 时即可进行人工授精。也可以在发现亲鳅激烈追逐后，再捞出来进行人工授精。人工授精的操作过程，如图 3-9 所示。

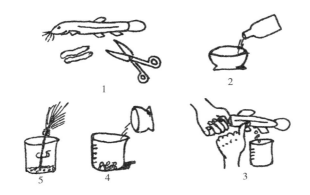

图 3-9　泥鳅人工授精操作过程
1.取出精巢剪碎　2.在剪碎的精巢中加入格林氏液稀释
3.挤出卵粒　4.混合精、卵　5.充分搅拌

　　进行人工授精操作时，先捞出雄鳅，剖开腹部，取出精巢，放入研钵，用剪刀剪碎，加入格林氏液或 0.9% 生理盐水，制成稀释液。此液在 3 小时内有效。一般 2～3 尾鳅的精巢加 30～50 毫升生理盐水。然后捞出雌鳅，用毛巾包好，仅露出肛门至尾部一段，下面接上烧杯，左手托住泥鳅，右手从前至后轻压泥鳅腹部，使成熟的卵子流入烧杯中，随即加入精巢稀释液，用羽毛轻轻搅拌，让卵子充分接触精液受精。静置 5 分钟后，用清水漂洗几遍，洗去血水和污物。然后将受精鳅卵均匀撒在窗纱或鱼巢上，移至网箱或育苗池中孵化，或将受精鳅卵脱黏后移入孵化桶（缸）或环道中，进行人工孵化。

　　在进行人工授精过程中，如果发现挤不出卵子，则不要硬挤，可另换一条雌鳅做，而把这条雌鳅放入浅水中再养一段时间。

（五）泥鳅卵的孵化

受精的泥鳅卵可以黏在鱼巢上放在育苗池或网箱中孵化，也可以脱黏后放入孵化桶（缸）或孵化环道中孵化。

1. 育苗池孵化　泥鳅卵放入育苗池之前 10～15 天，育苗池必须进行修整、消毒和施肥。育苗池应保持水深 20 厘米，最好有微流水。为了提高孵化率，可在水面下 20 厘米处搭好网架，把鱼巢平铺在上面，每平方米约放鳅卵 1 万粒（图 3-10）。鱼巢上方要遮阴，避免阳光直射，同时防止青蛙、水蛇、野杂鱼入池吞吃鳅卵和鳅苗。整个孵化过程中，要勤于观察，及时捞出蛙卵和污物。不能保持微流水的育苗池，也要每天换掉 1/3 的池水，以提供充足的溶氧。

2. 网箱孵化　网箱用竹竿和网片制成固定式，面积为 3～5 米^2（图 3-11）。箱子放在沟渠、池塘、河道或水库中，最好有微流水，箱体上部应高出水面 30 厘米，下部应深入水下 40 厘米，把带鱼卵的鱼巢平铺在网底，每升水可放卵 500 粒，保持水质清新，经常观察，防止敌害生物靠近。45 小时以后，鳅苗快破膜了，将网箱带鱼卵、鱼巢移入育苗池内。等鳅苗破膜 3 天后，撤去网箱，让仔鳅在育苗池内生活。

土池鳅卵孵化

水泥池鳅卵孵化

图 3-10 育苗池鳅卵孵化中的鱼巢摆放

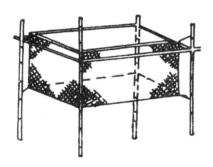

图 3-11 固定式网箱

3.孵化桶（缸）孵化 孵化桶式样如图 3-12 所示，下口为进水口，上口 S 处为出水口，卵放在漏斗形桶身内。这种规格的孵化桶一般容水 200～250 升，放卵密度为每 100 升水放卵 10 万～15 万粒。孵化时，先将泥鳅卵脱黏，然后放入桶内，从下口不断地通水，将卵冲起，使卵不致沉积在一起，过多的水从纱网溢出，经排水口流出。

泥鳅卵脱黏方法是黄泥浆脱黏。先把干黄泥碾碎，加水浸泡搅拌成稀泥浆，用纱布过滤到盆中。卵和精液混匀1~2分钟后，不加水就倒入泥浆中，边倒边搅拌，倒完后再搅拌1~2分钟，然后将卵带泥浆倒入网布中，冲洗掉泥浆就行了。

在整个孵化过程中，要注意保持水流稳定，不要太急也不要太缓，要能使孵卵在缸中心由下向上翻起，到接近水表层时逐渐向四周散开后沉下就可以了。如果卵还没有翻到水表面就下沉，说明流速太小；如果水表面波浪涌动，鳅卵急速翻滚，说明流速太大。发现以上情况，应立即调节流速。

孵化中要防止敌害生物如青蛙、老鼠、蛇、猫、犬、翠鸟等靠近孵化桶。为防止发生水霉病，孵化用的工具要在使用前用漂白粉溶液（10克/米^3）或生石灰水（20克/米^3）洗刷消毒后，用清水冲干净再用。为防止剑水蚤、蝌蚪、蜻蜓和龙虱以及它们的幼虫等伤害鱼卵，供水的水池内要用晶体敌百虫化水泼洒，用量0.1克/米^3，孵化桶进水口要用60~70目筛绢过滤、拦截剑水蚤等。

孵化缸用普通水缸做成。先在缸底中心敲一个拇指大小的小洞，插入一根钢管，用石块和混凝土把钢管固

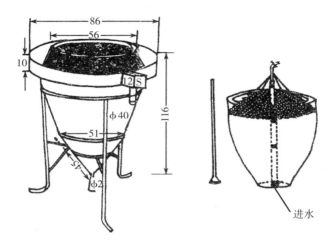

图 3-12　孵化桶（左）和孵化缸（右）　（单位：厘米）

定，管口用软木塞塞好，不要让混凝土掉进去。待混凝土干了以后，把缸体倾倒，倒入混凝土浆，用一块弧形板把缸底和缸壁相接的地方抹成弧形，先做半面，干了以后，再转动缸体，做另一半。最后在距缸顶 20 厘米处固定一个如图 3-12 所示的网罩就行了。孵化方法和孵化桶相同。

　　4. 孵化环道孵化　泥鳅卵孵化还可以用四大家鱼的孵化环道孵化（图 3-13）。环道是用砖垒、水泥抹面的水泥环道。外层环道底部有喷嘴，卵放在环道内，喷嘴进水，将卵冲起孵化，水从环道内壁的纱窗进入环道中心，由排水管上的小洞进入排水管排出。规模较大的孵化场有时要建双层环道。

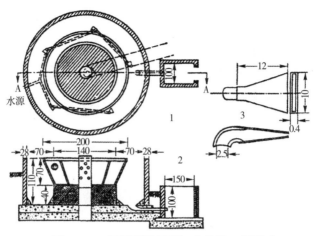

图 3-13　圆形孵化环道 （单位：厘米）
1. 平面图　2. 切面图　3. 喷嘴

（六）鳅卵孵化期间注意事项

1. 放卵密度　一般孵化缸（桶）每 100 升水放卵
10 万～15 万粒，孵化环道放养密度要减半，静水孵化
每平方米放卵 1 万粒，网箱孵化每平方米放卵 5 000 粒。

2. 水质　孵化用水要求水质清新，含氧丰富，无污
染，pH 值 7～8。

3. 水量控制　孵化过程中，泥鳅卵依靠水流的冲击，
均匀地散布在水中，不至于形成积压而缺氧死亡，因此
水量控制在孵化管理中十分重要。通常采用前期慢、中
期稍快、后期慢的方法控制水流。卵刚入孵化缸（桶）
或环道时，先采用缓慢水流，将卵轻轻冲起，然后缓慢
加大水流，直到形成卵自中央冲起，至水面再散落为止。

控制这样的水流，直到鳅苗孵出后 3 天，卵黄囊消失后，再放慢水流，喂 2～3 天，再入育苗池育苗。

4. 水温控制　泥鳅卵孵化的最适水温是 24～28℃，要想方设法使水温维持在这个温度范围内。同一批卵孵化期间，水温变化不能超过 3℃。尤其是昼夜温差变化较大时，要采取措施控制水温变化。如果夜间水温太低，有条件的地方可对入温水以保持适宜水温。

5. 洗刷滤网及清除污物　平时应经常洗刷环道内壁和孵化桶上的纱网，防止堵塞。鳅苗出膜时，更要勤刷滤网，并及时捞出漂浮的卵膜。

6. 过滤孵化用水　孵化用水要用 60～70 目的密眼网过滤，防止剑水蚤、蝌蚪、水生昆虫及其幼虫和其他污物流入孵化设施。

7. 鳅苗出膜后的管理　水温为 21～25℃时，鳅苗大约 35 小时孵出；25～26℃时，大约 32 小时孵出；26～29℃时，大约 27 小时孵出。刚孵出的鳅苗（图 3-14）有一个透明的卵黄囊，游泳能力弱，不吃食。这时只要保持原水流就行。3 天后，卵黄囊基本消失，鳅苗有一定的游泳能力了，可以放慢水流。30 万尾用 1 个煮熟的鸡蛋黄，用双层纱布包住，在盛水的面盆中揉搓挤压，做成蛋黄水，然后泼入孵化器中，让鳅苗吃。每天 2 次，上午 9 时和下午 3 时喂。连喂 2～3 天，鱼体由黑色变成淡黄色时，就可以放到育苗池中培育，或用塑料袋充氧运到其他地方养殖了。

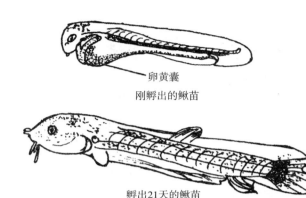

卵黄囊

刚孵出的鳅苗

孵出21天的鳅苗

图 3-14　鳅苗

五、泥鳅苗质量鉴别

鉴别鳅苗质量的好坏，有以下三种方法：

一是将鳅苗放在盛水的水缸、鱼篓或木桶里，用手搅动水，使水产生漩涡，如果鳅苗在水中沿桶边逆水游动，说明鳅苗质量好；如果鳅苗卷入漩涡中无力游泳，说明质量差。

二是将鳅苗舀在白色瓷盆中，吹动水面，鳅苗如果能朝风顶水游动，说明鳅苗体质好；不能顶水而随水翻滚的，说明体质差。

三是将鳅苗舀在白色小碟里，把水轻轻倒去，鳅苗在盘底能用力挣扎，头尾弯曲成圈的，是体质好的；如果粘贴在盘底无力挣扎，头尾稍能扭曲的，是体质不好的。

六、鳅苗的计数

为了控制鳅苗放养密度，计算成活率，鳅苗下塘前都要粗略计数。鳅苗计数方法有：

（一）容量法

刚孵出要下塘的鱼苗都采取此法计数。在育苗池边上，用竹竿和网布设一个临时网箱。将鱼苗下在网箱里，一个人抬起网箱一侧，使它稍离水面，让鱼苗集中在网箱一角，然后用一个小茶杯舀一平杯鱼苗，倒在盛有少量水的桶里，用小捞海一边捞一边数，数出这一小茶杯的鱼苗数。然后用小茶杯做捞海，一杯一杯地捞出网箱内鱼苗，最后用舀出的杯数乘以1杯的鱼苗数，就是网箱内粗略的鱼苗数。用茶杯舀网箱内鱼苗时，一定要每次都是平杯，否则稍微多一点或少一点，最后算出来的结果就会相差几千尾。可以每次用捞海抄起鱼苗，在空中抖两下，倒在茶杯中，然后用捞海框沿茶杯上沿一扫即可。这种方法计数相当不准，一般不用于大规格鱼种的计数。

（二）重量法

对于规格较大的鱼种，常用重量法计数。方法是把网箱中的鱼种用小捞海搅匀采样称重，先计算出每千克鱼种的尾数，再一桶一桶地称出全部鱼种的重量，抛去桶重后乘以每千克鱼种尾数，就是鱼种总尾数。这种方法计数，鱼种大小要一致。如果大小不均匀，计数出入就较大。同时，操作时要轻手轻脚，动作麻利，否则会造成鱼种的机械损伤或死亡。

七、大鳞副泥鳅的人工繁殖

大鳞副泥鳅在我国广泛分布，许多省份也开始了养殖生产。作为一种优良的养殖品种，这里也介绍一下大鳞副泥鳅的人工繁殖。

（一）亲鳅的选择

大鳞副泥鳅的雌雄鉴别同泥鳅一样。

用于繁殖的亲鳅，主要是从上年的成鳅池中挑选，也可以从附近市场上选购。雌鳅一般要求体重25克以上，体长14～18厘米；雄鳅体重要求不严格，一般体重12克以上，体长10厘米以上。要求体表色泽正常，光滑无病斑，体型匀称，活动敏捷，年龄2～3龄以上。

催产时应选择发育较好、腹部卵巢轮廓明显的雌鳅和健康活泼的雄鳅配对，雌雄比为1:2～3。

（二）池塘条件与放养密度

无论来自哪里的亲鳅都必须在池塘中进行产前培育，

培育时间不少于2个月。

亲鳅培育池塘面积在 1 200～1 500 米 ^{2}，能保持正常水位 60～80 厘米，透明度 20 厘米，肥度适中。

亲鳅投放前先使用生石灰或漂白粉、茶籽粕等彻底清塘消毒。待药性消失后，施放基肥，培肥水质，然后再放养亲鳅。放养密度为每 666 米 ^{2} 水面投放 325 千克亲鳅，雌雄混养。

（三）亲鳅池日常管理

进入 3 月份，水温高于 10℃时即可投喂人工饲料，饲料要求粗蛋白含量 30%～35%，脂肪 5%，以动物性蛋白为主。

池塘水温 15℃时投喂量为体重的 1% 左右，水温 20℃时投喂量为体重的 2% 左右，水温 25℃以上时投喂量为体重的 3% 左右。

投喂时间为上午 8～9 时，下午 4～5 时。

每周定期冲水 1 次，每次 2 小时，加深水位 5 厘米左右，不要大量换水，保持一定的肥度有利于大鳞副泥鳅性腺发育。

（四）催产时间

大鳞副泥鳅适宜的催产时间应在 4 月中下旬至 5 月初，水温 16～18℃，再晚性腺容易过熟。

（五）催产用具

容量为 1～2 毫升的医用注射器及配套的针头数支，用于亲鳅注射的催产剂、解剖盘、剪刀、刀子、镊子等，用于摘取精巢的毛巾数条，硬质羽毛数支，1 000 毫升的细口瓶 1 个，格林氏液或医用生理盐水，20 毫升或 50 毫升吸管 2 支，水盆或水桶数个。

（六）催产药物

经试验研究发现，用于大鳞副泥鳅催产的药物以地欧酮＋绒毛膜促性腺激素，或地欧酮＋促黄体素生成素类似物的混合激素效果较好，单独使用绒毛膜促性腺激素价格高，效果也不好。

注射药量，地欧酮 0.5～1 毫克/尾＋绒毛膜促性腺激素 300～500 国际单位/尾，或地欧酮 0.5～1 毫克/尾＋促黄体素生成素类似物 2～3 微克/尾。

（七）催产方法

先用生理盐水将每尾鱼的用药量配成注射液，一般 20 克左右的亲鳅注射 0.5～0.7 毫升。

然后检查亲鳅的成熟度。作为繁殖用的亲鳅，性腺的成熟度要好。检查方法是将雌鳅腹部朝上，腹部外形要膨大而柔软，富有弹性，有透明感，颜色微红，卵巢轮廓到肛门处，生殖孔开放；雄鳅胸鳍上部有追星，最好轻压腹部能挤出精液，且精液入水后即散开。

最后挑选合乎条件的雌鳅进行催产注射。注射时两人一组，一人用泥鳅控制网固定泥鳅，另一人用医用注射器进行注射。采用背部肌内注射方法，针尖与鳅体呈45°角，向头部方向注入药物，入针深度0.2厘米。

为了防止入针过深伤害泥鳅，可以在针尖上缠绕棉线或在针上套上一小段胶皮管的方法处理针具，要求露出针尖0.2厘米，一般人员都可操作。

（八）产卵孵化

利用孵化环道进行生产，在环道中设置网箱，网箱网目5目，注射后的亲鳅放入箱中待产。

催产结束后，用微流水刺激亲鳅产卵。水温22℃时，12～15小时；水温25℃时，8～10小时，大鳞副泥鳅便开始发情、追逐、缠绕、产卵，受精卵从网目中掉进环道。

产卵结束后将网箱和泥鳅一起拿走，受精卵进入孵化阶段。此时要加大水流以冲起沉在环道底部的鳅卵。同时，可用搅水板从下面将鳅卵搅起，操作持续30分钟左右，等到结块的鳅卵分离后即可降低流速，流速控制在10厘米/秒左右。

实际生产中，可以看鳅卵在环道中刚刚浮起为适宜，若水流冲击卵始终在水面翻腾，说明水流过大；若卵在环道中不能浮出水面，说明水流过小。

水温22℃时，41小时90%的受精卵孵出鳅苗；25℃时，仔鳅孵出需要30～32小时。

第四章
泥鳅苗种的培育

一、放养鳅苗前的准备

（一）鳅苗池要求

鳅苗池可以用小土池，也可以用水泥池，但最好是用水泥池。面积为 $30 \sim 50$ 米 ^{2}，池深 $0.5 \sim 1$ 米，水深 30 厘米左右。土池的池底、池壁要夯实，防止泥鳅钻泥。

建水泥池时，要预留进、排水口。进水口距池底 $50 \sim 70$ 厘米，排水口距池底 10 厘米，两个口相对。进、排水口在池内的一端，应绑上密眼铁丝网或尼龙网，以防止泥鳅逃逸。

（二）新建水泥鳅苗池脱碱处理

新建的水泥池不能直接用于鳅苗培育，必须进行脱碱处理后方可使用。脱碱的方法有：

1.醋酸法 用醋酸（20毫升/米^3）洗刷水泥池表面，然后注满水浸泡3～4天。

2.过磷酸钙法 每立方米池水溶入过磷酸钙肥料1千克，浸泡1～2天，然后用清水冲刷几遍。

3.酸性磷酸钠法 每立方米池水中溶入酸性磷酸钠20克，泡池2天，放干水，用清水冲刷几遍。

4.稻草、麦秸浸泡法 水泥池加满水后，放上一层稻草或麦秸，浸泡1个月左右。

5.清水浸泡法 水泥池注满水，浸泡3～4天，换上新水再浸泡3～4天，反复换4～5遍清水。

（三）鳅苗池消毒处理

鳅苗池脱碱后注水，放入几条小鱼试水，若1天后小鱼没有不良反应，可在池底铺10～15厘米厚的肥泥，再放鳅苗。以前用过的水泥池，按每平方米6克漂白粉的用量标准，将漂白粉溶解在水中，做全池泼洒消毒。6天后，用清水冲洗几遍，再放鳅苗。

土池养鳅苗，要提前15天用生石灰消毒。消毒方法是按每立方米水体用100克生石灰，制成石灰浆，趁热全池泼洒。6天后，即鱼苗入池前8天，注水施肥，每平方米施粪肥1.5千克，培肥水质，繁殖轮虫等天然饵料，供鳅苗摄食。施肥8天后，轮虫最多的时候，将鳅苗下塘。

育苗水泥池的构造及准备程序如图 4-1 所示。育苗
土地的构造及准备程序如图 4-2 所示。

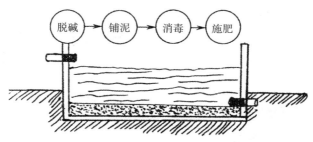

图 4-1　育苗水泥池的构造及准备程序

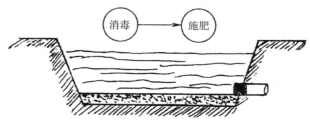

图 4-2　育苗土池的构造及准备程序

二、鳅苗放养注意事项

其一，鳅苗放养前要试水。鳅苗入池前 1 天，将育
苗池的水舀在水桶里，放入几尾鳅苗，1 天后如果鳅苗
活动正常，说明水质良好，可以下池；如果鳅苗死亡，
则表明育苗池需要换水。换水后过几天，再试水 1 次。

直到清塘药物毒力消失，水质变好后，再将鳅苗下池。

其二，鳅苗放养前要拉空网。鳅苗入池前 1～2 天，用鱼苗网（俗称"便条网"）在池内反复拉几遍，将池内有害生物拉出除掉。

其三，找准肥水下塘时机。鳅苗培育池清池、施肥后不久，细菌和浮游藻类大量出现，为轮虫、小型水蚤提供了丰富的食物。在水温 25℃情况下，8～10 天，轮虫、小型水蚤数量达到高峰期。这时，鳅苗下塘正合适，有大量轮虫供它摄食，生长很快。一旦错过这个时期，施肥10 多天后，大型水蚤和浮游动物开始出现，就会吃掉轮虫和小型蚤类，刚下塘的鳅苗没有能力摄食大型水蚤，往往追不上或吃不下，致使鳅苗无食物可吃，死亡率上升。因此，清塘施肥后要细心观察（老池表现尤为明显），在轮虫高峰期到来时，及时将鳅苗下塘，即"肥水下塘"。

其四，选择合适的鳅苗下塘时间。鳅苗下池要选择晴天的上午 8～10 时或者下午 3 时，避开正午阳光直射。如果有风，要在池子的上风头投放鳅苗。将盛鳅苗的容器倾斜于水中，缓缓拨动池水，让鳅苗自然游入水中，将容器缓缓向后、向上倒提出水面。对于黏附在容器上的鳅苗，可用手轻轻泼水，使其顺水流入池中。

其五，注意温差。鳅苗放养时，盛苗容器的水温与育苗池的水温应当相近，不能相差 3℃以上。若相差较大，可以慢慢舀水到盛苗容器里调整水温，待水温一致后，再放鳅苗。

其六，确定合适的放养密度。一般静水池每平方米放养 500～700 尾，有微流水的池子每平方米可放养 750～1 000 尾，有养殖经验的养殖户每平方米可以放到 1 500 尾以上。同一个池子里放的鳅苗，规格要一致，尽量放同一批孵出的苗。否则，鳅苗在生长过程中会出现大小相差悬殊的现象，体质好、规格大的吃食多，越来越强壮；体质差、规格小的吃食少，越来越瘦弱，最终影响鳅苗成活率。

三、鳅苗培育

鳅苗培育是指将孵出的鳅苗饲养 1 个月左右，养成全长 3～4 厘米、重 1 克左右的鳅种。

泥鳅在不同生长阶段的食性稍有不同。全长在 5 厘米以内的泥鳅，主要吃浮游动物，像轮虫、枝角类、桡足类和原生动物，这些食物主要靠培肥水质后获得。全长 5～8 厘米的泥鳅食性很杂，主要吃甲壳类、摇蚊幼虫、丝蚯蚓、水生陆生的昆虫及其幼虫、蚬、螺、蚌和陆生蚯蚓等，也吃藻类、植物碎片和种子等。根据这一特点，鳅苗培育可以用豆浆培育法、蛋黄培育法或肥水培育法，也可以结合培育。

（一）豆浆培育法

鳅苗在孵化后 2 个月内，主要吃轮虫和水蚤（鱼虫子）。因此，鳅苗下池后每天泼洒豆浆，既可以让鳅苗直接食用，也可用来肥水以培育轮虫和鱼虫。

做豆浆时，先将黄豆用水浸泡，浸泡时间视水温而定，水温 18℃左右时，浸泡 10～12 小时；水温 25～30℃时，浸泡 5～7 小时，以黄豆两瓣间空隙涨满为好。然后加点水磨成豆浆。磨好的豆浆不要再加水，否则会产生沉淀。一般 1 千克黄豆能出 15 千克豆浆。磨好的豆浆用纱布过滤，滤去豆渣后立即投喂。

鳅苗刚下塘，每天要泼豆浆 3～4 次，每天每平方米泼 0.5 千克干黄豆磨成的豆浆；5 天后，投喂量可增至每天每平方米 0.75 千克干黄豆磨成的豆浆。泼的时候，要沿育苗池边泼洒，并要泼得又匀又细。

（二）蛋黄培育法

蛋黄对鳅苗的适口性好，加工容易，可以作为鳅苗培育期的主要饵料。

投喂方法：将鸡蛋或鸭蛋煮熟，剥去蛋白，然后用 2 层湿纱布或 120 目尼龙筛绢包裹，蘸水挤入盛有少量水的脸盆中，再均匀泼洒于池中。

用量：每天每 10 万尾鳅苗投喂 5 只蛋黄，上午 9 时喂 2 只，下午 4 时喂 3 只。

（三）肥水培育法和轮虫培育法

主要用于土池育苗，一般水泥池育苗不用肥水培育法。在饵料不足的情况下，要适当追肥。水温18℃时，每100米^{2}施碳酸铵或硝酸铵0.2千克；水温20℃以上时，每100米^{2}施尿素0.25千克。一般每天1次，连施2～3天。以后视水质肥瘦进行追肥。也可以施鸡、鸭和猪粪等有机肥。

如果用水泥池培育鳅苗，需另准备一个土池，按上面所述施加基肥和追肥，培育轮虫。每天用浮游生物网捞取轮虫，清洗后投喂鳅苗。

（四）混合培育法

即蛋黄培育和追肥同时采用。掌握的原则是保持池水"肥、活、嫩、爽"，透明度为20厘米。透明度，是指对着阳光，把手臂张开垂直伸到水面以下，刚刚看不到中指尖时，中指尖到水面的距离。如果透明度大，则说明水太清太瘦；如果透明度小，说明水太混太肥。

育苗期间，前15天，要保持水深30厘米。水泥池每隔3天，土池每隔5天，换水1/3。15天后，水深逐步增加到50厘米，继续培肥水质。每天要坚持早、中、晚三次巡塘，仔细观察鳅苗活动情况和水色变化，看有无缺氧现象。鳅苗缺氧浮头与四大家鱼苗有所不同，仅在水面上形成小波纹，需仔细观察才能发现。如果早晨巡塘发现鳅苗浮头，日出后即下沉，这是正常现象；如果半夜浮头或早晨日出后仍浮头，而且受惊后也不下沉，说明水太肥，应赶快冲水；如果发现鱼苗体色发黑，离群缓游，则表明已患病，要赶紧诊断，及时治疗。

　　饲养期若在高温的夏季，则要经常加注新水，或在苗池上搭遮阳棚，降低水温，避免阳光直射。加注新水时，要用过滤网过滤，严防野杂鱼、水蜈蚣、红娘华等敌害生物进入育苗池，也要防止水老鼠、水蛇等进入育苗池。另外，泥鳅育苗季节也是蜻蜓繁殖的时候，在育苗池内不时能看到蜻蜓飞来飞去地点水产卵。如果等到蜻蜓幼虫孵出，则会大量蚕食鳅苗，所以要勤赶蜻蜓，或者在育苗池上面搭网，既能防止蜻蜓产卵，又能遮阳降温。

　　鳅苗经 1 个月饲养，长成全长 3 厘米左右的鳅种时，已经有了钻泥的习性，要转到鳅种池培育。

　　鳅苗培育的主要工作如图 4-3 所示。

四、不同开口饵料培育鳅苗的效果

　　有实验报道，以轮虫为饵料的泥鳅苗存活率高于仅仅以蛋黄为饲料的泥鳅苗，且以单独添加轮虫的清水实验组成活率最高，但是以同时添加小球藻和蛋黄实验组的泥鳅鱼苗最为壮硕、规格整齐。可见开口饵料对成活率和生长的影响存在差异，如何在提高泥鳅鱼苗成活率的同时促进鱼苗的生长，是泥鳅苗种生产过程中选择开口饵料及苗种培育方式需要考虑的问题。

　　蛋黄投喂后容易破碎为小颗粒，使泥鳅苗种无法及

水体消毒

施肥培肥水质

发酵有机肥

放养

泼洒豆浆

追肥

日常管理

搭架遮阳

注水

严防有害生物

图4-3 鳅苗培育工作

时摄食或因其太小而难以摄食，反而导致水质恶化，造成泥鳅鱼苗的成活率和生长率都较低，因此不适宜作为泥鳅鱼苗的开口饵料单独投喂。同理，泥鳅苗培育期间，也不适宜以豆浆作为泥鳅的开口饵料单独投喂。但蛋黄与轮虫混合投喂并添加了小球藻后，泥鳅鱼苗的成活率大幅度提高，且个体明显大于单独投喂轮虫的泥鳅鱼苗。由此可见蛋黄可以提供泥鳅鱼苗生长发育所需的营养，通过轮虫滤食后传递给泥鳅鱼苗，提高了轮虫的营养价值；同时在培育水体中添加小球藻，既减少了蛋黄对水质的负面影响，并稳定了水质，又起到强化轮虫营养的作用。

泥鳅鱼苗游动能力较弱，主动摄食能力不强，因此在投喂饵料的方法上还要注意以下几个问题：①投喂蛋黄时要均匀，并采用少量多次的方法，避免或减少下沉。②尽量采用轮虫与蛋黄搭配组合的方法投喂，充分利用轮虫和蛋黄营养的互补性，减少蛋黄恶化水质的可能性。③少量补充单细胞藻类，利用藻类的光合作用增加水体溶解氧并净化水质，同时避免藻类浓度过高，影响泥鳅鱼苗的正常发育。④保持一定的充气量，维持水中的溶解氧，促进有机物好氧分解，避免有机物厌氧分解产生有毒的中间物质和终产物，维持和改善水质。同时，连续曝气可以减少蛋黄等饵料下沉并使之分布均匀。注意充气应以微沸状态为宜，避免泥鳅鱼苗逆水游动而耗费体力。

五、稻田培育鳅苗

稻田培育泥鳅苗，每 100 米^2 稻田可放养孵化后 15 天的鳅苗 2.5 万～3 万尾，放养时间可根据各地的气候情况灵活掌握，气候较暖的地方可在插秧前放养；在较寒冷的地方可在插秧后放养。因为这个阶段的鳅苗尚无活动能力，鳞片未长出，没有抵御敌害和细菌的能力，死亡率较高。因此，可采取放入网箱暂养的形式，网目为每 6.45 厘米 ^{2} 40 目，网箱为直径 50 厘米、深 30 厘米的圆形网箱或相似大小的方形网箱，暂养鳅苗 0.5 万～1 万尾。鳅苗在网箱中暂养 1 个月后，长到 2～3 厘米长，即放入稻田饲养，可大大提高成活率。也可把孵化的鳅苗直接放入鱼凼中培育，凼底可衬垫塑料薄膜，饲养方法与孵化池培育法相同。

孵出的鳅苗放养后，必须加强饲养管理，可以投喂蛋黄粉、小型水蚤和小颗粒配合饵料。投喂人工配合饵料时，可将鲤鱼饲料碾成小颗粒，每天投喂 2～3 次，每万尾鳅苗投喂 5 粒颗粒饵料碾碎的粉末状饵料即可。因残饵直接落入泥中，无法观察吃食情况。因此初期可将粒状饵料放在白瓷盘中沉入水底，2 小时后取出观察，如有残饵则说明投饵过多，要适当减少；反之，则应增加投饵量。如开始投饵 2～3 天，鳅苗还未发现饵料，需继续放置，直至鳅苗发现饵料开始吃食为止。投饵 10 天后，可取数尾测定生长情况。若头部较大，则说明饵料不足，需增加投饵量。水温在 25～28℃时，鳅苗食欲旺盛，应增加投饵量和每日投饵次数。每日投 4～5 次，投饵量为鳅苗总体重的 2%。饲养 1 个月后，鳅苗个体达到每克 10～20 尾时，可投喂小型水蚤、摇蚊幼虫、水蚯蚓及配合饵料。如投配合饵料，每万尾可投鲤鱼配合饵料 15～20 粒碾成的小颗粒饵料，每天 2～3 次，并设法让鳅苗转食天然饵料。以天然水蚤为饵料时，如发现水蚤聚集在一处，水面出现粉红色时，则说明水蚤繁殖过多。应立即注入新水，以增加水中氧气。如发现鳅苗头大体瘦，则应适当补充饵料，如麦麸、米糠和鱼类废弃物等。同时，每隔 4～5 天，饵料培育池就需增施鸡粪、牛粪和猪粪等粪肥，以繁殖天然饵料。

六、专池培育鳅苗的活饵料——水蚤

水蚤是节肢动物门、甲壳纲、枝角目的一类动物，养殖户称之为"鱼虫、红虫"，水产工作者都称之为"枝角类"，约有数百种，大小在 0.2～3.0 毫米，游动能力差，非常适合鳅苗、鳅种摄食，它是泥鳅的最佳饵料。可以说，所有的淡水鱼幼鱼都喜欢摄食水蚤。

水蚤繁殖率高，在适宜的环境中大量存在，有时可使水面呈红色，这就是它们"红虫"之名的由来。在城市的生活污水或农村村旁水坑中很容易捞到，也可用人工培育的方法获得。

水蚤喜欢有机质丰富的水体，最适宜的生活温度是 18～22℃，最适宜的 pH 值是 7.5～8.0，最适宜的溶解氧为 8 克 / 米³ 左右。水蚤的主要食物是单细胞藻类、细菌和细小的有机碎屑。水蚤在环境适宜时繁殖方式为孤雌生殖，夏产卵色浅壳薄；在不适宜环境下，行有性生殖，产冬卵色深壳厚。两种卵大小相近，但是冬卵存在于母体内可使水蚤身上出现明显的黑色斑点。可以从水蚤携带冬卵的数量上判断环境的适宜与否。

水蚤培育可用废弃的或不用的泥鳅苗种池，注水50厘米深，放入适量发酵好的有机粪肥，使藻类和细菌大量繁殖，然后移入蚤种。在水温20～25℃时，3～5天就可以繁殖出大量的水蚤，1周左右就可收获。采捕时，用密眼捞海捞取。以后，要定期往水中施肥，不断得到足量的水蚤。

在培养过程中，要经常观察，如果发现带冬卵的母体较多，说明该环境已不适宜水蚤生活。这可能是水中饵料不足（往往表现为水很清）或水温过高、水质恶化等原因造成的，要根据具体情况加以处理。如果发现培养池中或池壁上有很多丝状体藻类，应设法清除或清池后重新培养。另外，要注意不能在池中施放敌百虫，因为水蚤对敌百虫极为敏感。

七、泥鳅苗成活率低的原因及应对措施

一是培育池条件差。培育池的面积太大，风浪大，嫩弱的鳅苗水花在近岸风浪的拍击下会出现死亡。池水过深、淤泥又厚的池塘，水温回升很慢，水的压力大，底部也易产生大量的有毒有害气体，造成泥鳅苗沉底死亡或形成僵苗。

应对措施：鳅苗培育池面积应控制在 2 000 米^2 以下、底泥厚度不大于 20 厘米。放鳅苗时水深应控制在 30 厘米左右，以后随鳅苗的长大而不断加深水位。

二是池中残留毒性大。由于清塘时药物用量大、水温低，药力尚未完全消失，或施用过量的没有腐熟或腐熟不彻底的有机肥作基肥，导致底层水中缺氧或有毒、有害物质浓度偏高，造成刚放入池的鳅苗大批死亡甚至全军覆没。

应对措施：根据情况施药、施肥，放苗前在池中架小网箱放入少数泥鳅苗先试水，若这些试水泥鳅苗在 4～8 小时内无异常反应可放入鳅苗。

三是泥鳅苗质量差。一般有四个原因会造成泥鳅苗质量差：①亲鱼培育差或近亲繁殖造成的鳅苗成活率低，性状退化，且个体大小不均、畸形苗比例大。②泥鳅苗繁殖场的孵化条件差、孵化用具不洁净，产出的泥鳅苗带有较多病原体或受到重金属污染，泥鳅苗下池后成活率低。③高温季节繁殖的苗因孵化出膜时间很短、泥鳅苗的生命力比较脆弱，培育时的成活率也较低。④运输来的鳅苗经过包装、发运、放池后，因体弱或受伤下池后沉底，成活率也不高。

应对措施：①选用培育良好的泥鳅作亲鱼，坚决不用近亲繁殖的泥鳅作亲鱼。②按照标准建设泥鳅苗种繁殖场，孵化用具消毒处理后使用。③尽量不在高温季节繁殖苗种或繁殖时使用物理方法降低水温。④泥鳅苗尽量自己繁殖或选择运输距离少、时间短、质量好的苗种场。

四是缺乏适口饵料。有些养殖户不重视施肥培水，或施肥时间与泥鳅苗下塘的时间衔接不当，泥鳅苗下塘后因缺食被饿死或生长不好。

应对措施：①泥鳅苗池在冬闲时彻底干塘，这样有利于培肥池水，有利于杀灭黄鳝、蛙类、昆虫等敌害生物，有利于池底有机物的分解。②根据泥鳅苗池的底泥厚度、肥料种类、水温等情况确定合适的基肥施用量，施肥时间最好是在泥鳅苗下塘前 5～7 天。③泥鳅苗下塘后每天每 667 米^2 泼洒 1.0～1.5 千克黄豆浆，并根据情况每隔 3～5 天酌施粪水作追肥，使池水的透明度保持在 25～30 厘米。

五是池中敌害生物多。鳅苗池未清塘，或清塘不彻底，或用的是已经失效的药物，或注水时混进了野杂鱼的卵、苗、蛙卵等敌害生物，都会造成泥鳅苗的损失。

应对措施：①严格用刚出窑的块状生石灰彻底清塘消毒。②在进水口加双层网布拦截敌害生物。③长途运输的鳅苗入塘时处理要恰当。先将装苗袋放在泥鳅苗池的阴凉处漂浮 1～2 小时以平衡水温，直到袋内外的水温温差不超过 2℃时再开袋。之后舀少量池水逐渐加到袋内，随后将鳅苗倒入大塑料盆内，逐渐向盆中加入池水，仔细观察鳅苗，直到其活动完全正常后再放入鳅池。

八、池塘培育鳅种

鳅种培育是把全长3厘米左右的鳅种饲养3～5个月，养成体长5～6厘米、体重3～5克的鳅种，供翌年进行成鳅养殖。用池塘培育鳅种，需要注意以下事项：

（一）鳅种池的准备

鳅种池可以是土池，也可以是水泥池，结构与鳅苗池一样，面积要稍大一点，为50～100米^2，深80～100厘米。放养前15天，按每平方米水深10厘米的水面用生石灰30克化水消毒的标准，做全池泼洒消毒。1周后，注水50厘米，每平方米施腐熟粪肥1.5～1.7千克作基肥。再过1周，放上几条小鱼试水，如果一昼夜后小鱼活动正常，就可以放鳅种了。

（二）放养

鳅种的放养密度为每平方米50～100尾，有微流水的池子可以多放。同一个鳅种池放养的小鳅种，要大小整齐，不要有伤、病、残鳅种。大小一致的小鳅种可以用泥鳅筛子筛选。

泥鳅筛子用硬木做成，每根硬木条长40厘米，直径1厘米，四周用杉木板固定。筛子长10厘米，宽30厘米，高15厘米。筛选时，先将鳅种用夏花鱼网捕起，集中在网箱内，再用泥鳅筛子筛选出不同规格的鳅苗，分别放入不同的池子分养。

（三）饲养管理

鳅种培育的饲养管理工作，与鳅苗培育基本相同，主要有管水、投饵、施肥和预防疾病及防止敌害生物伤害。

鳅种可以投喂人工配合饲料。饲料市场上有售，也可以自己配。配合饲料中动物性饵料与植物性饵料之比为 3 : 2。动物性饵料有鱼粉、血粉、鱼肉、蚕蛹和动物内脏等，植物性饵料有谷物、米糠、大豆粉、豆饼、豆渣、麸皮、瓜果和蔬菜等。每天喂 2 次，日投饵量占鱼体重的 10%。水温超过 30℃时，要少喂。如果投喂量没有把握，可以掌握让鱼 1～2 小时内吃完为宜。投喂要定时、定点、定质和定量。即每天上午、下午各 1 次，不要随意改动喂食时间；饲喂时配合饲料直接投喂，粉状饲料要加适当水搅拌成软块状，沿池塘周边散投；质量一定要保证新鲜，不发霉不变质；每天投饵量要基本固定，特殊情况下可适量增减。

在鳅种培育期间，鳅种池要适时追肥。肥料可以用农家肥或化肥，化肥最好用尿素。施时可采用少量多次的施肥方法，以保持水色呈黄绿色，水质"肥、活、嫩、爽"，透明度以 25 厘米为好。

培育期间，每隔 4～5 天换掉池水的 1/3，以保持充足的溶解氧和清新的水质，并控制水温在 25℃左右。夏季高温季节，须在池上搭遮阳棚。当水温达到 30℃以上时，应及时注水，并不喂或少喂人工饵料。

要坚持每日早、中、晚三次巡塘，观察泥鳅吃食、活动和生长情况。如发现有鱼体色发黑、离群独游或在水中躁动不安、浮头等现象，则应及时诊断疾病和治疗；发现吃食减少，要查明原因，采取补救措施；同时要防止敌害生物侵袭，控制蜻蜓幼虫、水蜈蚣、红娘华和龙虱幼虫等繁殖生长。

九、稻田培育鳅种

鳅苗培育成 3 厘米长的泥鳅夏花，就可用稻田进行鳅种培育。饲养鳅种的稻田不宜太大，并且要有鱼沟、鱼凼等设施。放养的夏花要求规格整齐，可用泥鳅筛过筛来达到这一要求。筛选后，相同规格的夏花放入同一鳅田内，放养量为每 100 米^{2}5 000 尾。鳅苗放养前要进行清田消毒。由于鳅种除吃浮游动物外，还吃少量的植物性饵料，如浮游植物及杂草的嫩芽等，尤其喜食微生物。要在较短时间内使泥鳅出现一个快速生长阶段，鳅种培育应采取肥水培育的方法。放养前 1 天，先施基肥 50 千克。在饲养期间，可用麻袋装上有机肥，浸于鱼凼中作追肥，追肥量约为每 100 米^{2}50 千克。除施肥外，还应投喂人工饵料，如鱼粉、鱼浆、动物内脏、蚕蛹和猪血粉等动物性饵料，以及谷物、米糠、大豆粉、麦麸、蔬菜、豆粕和酱粕等植物性饵料。随着仔鳅的生长，也可在饵料中逐步增加配合饵料的比重。人工配合饵料，用豆饼、菜饼、鱼粉或蚕蛹粉和血粉配制而成，动、植物性成分比例为 3∶2。日投饵量，水温在 25℃以下时为鳅苗总体重的 2%～5%，25℃以上时为 5%～10%，30℃以上时则不投或少投。每天上午、下午各投饵 1 次，上午投喂全天饵料量的 70%，下午投喂 30%。投饵时，可将配合饵料搅拌成软块状，投放在离函底 3～5 厘米的食台上。切忌散投，否则秋季难以集中捕捞。平时，要注意清除四边杂草，调节水质。当鳅苗长到全长 6 厘米以上、体重 5～6 克时，就成鳅种了，即可转入成鳅饲养。

十、鳅种的越冬

　　第一年的泥鳅苗养到秋末，经越冬后，到第二年再养成商品泥鳅上市。越冬的方法就是深水越冬。当水温降到 10℃以下时，应加深水位，保持水深 1 米以上，让泥鳅钻入水底泥中越冬。有条件的地方，还可以在池上建塑料大棚，提高泥鳅的越冬成活率。塑料棚上面应盖上稻草帘，天气晴朗、太阳当空的日子，揭去帘子晒太阳增温，傍晚再盖上草帘保温。

　　在整个越冬期，泥鳅都钻在淤泥中不吃食，只靠消耗体内的营养维持生命。因此，在越冬前，加强饵料投喂，让泥鳅积蓄足够的营养，是十分重要的。自9月下旬开始，就可把日投饲量增大到占泥鳅体重的15%左右，而且动物性饲料量至少要在一半以上。当水温开始下降时，可逐渐减少投饵量。当水温降至10℃以下时，即停止投喂。

越冬前还要用生石灰给越冬池消毒，一般按每立方米水体用生石灰20克的标准，化水做全池泼洒。在水温降至10℃以前，先用适量农家肥撒入池底，以增厚淤泥层，为泥鳅越冬提供较理想的"温床"。越冬池中，泥鳅的放养密度可高于常规放养密度的2～3倍。越冬期间，可在越冬池四角适量放一些糠、猪粪、牛粪和马粪等有机肥，以发酵增温。

稻田养殖的泥鳅要在越冬时及时诱集入鱼溜中，并加盖稻草等材料保温。

第五章
成鳅的养殖

一、成鳅的养殖方法

泥鳅的养殖周期为两年，第一年是苗种培育，第二年是成鳅养殖。成鳅养殖是将全长五六厘米的鳅种饲养1年，养成每尾10克以上的商品鳅。

目前，成鳅养殖的主要养殖方法，有池塘养殖、稻田养殖、网箱养殖、水缸或木箱养殖、庭院养殖、土池鱼、鳅混养以及南方水生作物田（如茭茅田、水芹田、莲藕池等）养殖等。

二、泥鳅养殖池塘的建设

要建成鳅池，先要选好地方和位置，再对鳅苗池和成鳅池的修建作出大概计划，然后才能按图纸开土动工。

建池的地方要靠近水源，而且水源的水量要充足，即使枯水季节也要能保证养鳅池正常的换水需要。水源水质要好，周围没有工业污染，尤其是没有造纸厂、水泥厂、电镀厂、酒厂和化肥厂等，否则可能损失惨重。如果使用地下井水，一定要建蓄水池或将水渠建得很长。因为地下井水温度低，溶氧低，必须经过充分晾晒才能流入鳅池使用。另外，水在入池前还要经过过滤网，防止敌害生物随水入池，危害泥鳅。

　　建池的地方土质要好，最好是中性或微酸性的黏质土壤。其次是壤土，最差的是砂土。这三种土可以靠手摸鉴定（表5-1）。砂土一般较难存水，在砂土地建池养鱼，都要在池底和池壁铺上塑料薄膜，并再在薄膜上面铺10～20厘米厚的黏土。这样，既能保水养鱼，又能维持土壤肥力。塑料薄膜可3～5年一换，成本也不高。因此，这是非常经济实用的方法。

表5-1　三种土壤的识别方法

土壤名称	成分含量（％）		简易识别方法
	沙　粒	黏　粒	
黏　土	20～40	60～80	湿时可搓成条，可弯成环状，加压时有裂痕
中壤土	55～70	30～45	湿时可搓成条，弯曲时有裂痕
砂　土	90～95	5～10	手摸有粗糙感觉，湿时不能捻成团

建池的地方周围不能有高大的树木群或建筑群，而且交通、电力要方便。地形有起伏的地方建池最好。池与池之间要有落差，以便实现水的自流自排，否则要专门修建排水沟。

大规模养泥鳅最好实行自繁自育。所以建池时，要全面考虑鳅苗池、成鳅池所占的面积比例，以及位置安排（图5-1）。

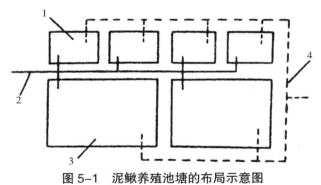

图5-1 泥鳅养殖池塘的布局示意图

1.鳅苗种池 2.进水 3.成鳅池 4.排水

成鳅池，可以建成水泥池，也可以建成土池。二者的主要技术参数基本一样（图5-2）。

面积：200～300米²。

池形：以长方形、东西走向为最好。长椭圆形也是较理想的形状。

池深：90～110厘米。

水深：50～60厘米。

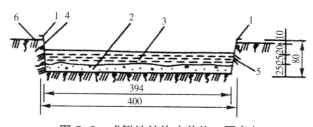

图 5-2　成鳅池结构（单位：厘米）
1. 池壁　2. 肥淤泥　3. 水　4. 进水口　5. 出水口
6. 密眼铁丝网

池壁高出水面：40～50 厘米。

进水口：高出水面 20 厘米。

溢水口：与正常水位相平，也可不设。

排水口：与池塘泥面相平或稍低。

池塘面积不宜太大，是为了便于管理和均匀投饲，使泥鳅在生长过程中都能得到充足的饲料，不至于使个体大小差异太大。

池水太深，既不利于泥鳅钻泥，也会造成上下水层对流困难；池水太浅，又减少了泥鳅的生活空间，而且水质变化易受外界环境影响，容易恶化。50 厘米是养泥鳅的理想水深。

由于泥鳅能爬墙或跳跃逃跑，所以池壁要高出水面 40 厘米以上，以便有效地防止泥鳅逃跑。

进水口、溢水口和排水口都要在内侧绑上密眼网布（图 5-3），以防止泥鳅逃跑。溢水口是用来排出多余的水，控制正常水位，防止下雨时涨水逃鱼；排水口是用来换水和排干池水的，平时关闭。围绕排水口最好挖一个低于池底面的面积为 10～15 米^2、深 30 厘米的集鱼坑，以便在放干水捕捞时，让泥鳅集中在坑内，便于捕捞。集鱼坑四周用木板或砖块围住，以防止底泥冲入坑内。

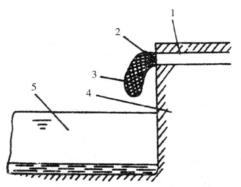

图 5-3　成鳅池进水口网罩示意图
1. 进水管　　2. 进水口　　3. 聚乙烯网罩
4. 池壁　　5. 池水

　　水泥池建好后，要脱碱。具体方法同鳅苗池脱碱。水泥池池底可以铺 20 厘米厚的淤泥，进行有泥养殖。这样，池中有淤泥，既可供泥鳅摄食栖息，又有利于培肥水质。缺点是淤泥耗氧，易造成水中溶解氧不足；池水易被泥鳅搅浑；泥鳅钻入泥中，捕捞时要把泥、鳅分开，捕捞难度大，鳅体易受伤。现在许多地方在水泥池中设置人工鱼礁，不铺底泥，进行无泥养殖，既扩大了泥鳅的栖息面积，又能较长时间保持水质清新，而且捕捞时操作容易，不伤泥鳅；只需拿走鱼礁，排干水，就能在集鱼坑内用抄网捕起 90% 的鳅。这是一种高产高效的技术密集型养殖方式。

常用的人工鱼礁，有多孔板、秸秆捆和混凝土空心砖等（图 5-4）。

多孔板，每块用口径 3～5 厘米、长 25 厘米的塑料管，每 40 根绑在一起而成。每 3 块板叠成一堆，每平方米水面下放一堆。

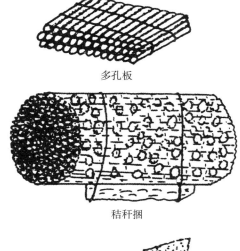

多孔板

秸秆捆

混凝土空心砖

图 5-4　人工鱼礁

秸秆捆，由没有霉烂、晾干的玉米秸或高粱秸、芝麻秆和油菜秆等秸秆，用 10 号铁丝扎成。每捆直径为 40～50 厘米。用钢钎或木棒在上面捣一些孔径为 5～8 厘米的洞，绑上沉石，将它平沉池底。每 3 米^2 放一捆。

混凝土空心砖，由市场上购买而得，规格为 39 厘米×19 厘米×15 厘米。用时将它成纵列竖立排在池底上，每平方米放 3 块。

三、泥鳅放养前的池塘准备

鳅种放养前要对成鳅池进行清整和消毒，并施足基肥（图 5-5）。另外，还要在池中放置饵料框。

（一）池塘清整

成鳅池清整要在鳅种放养前 15 天进行。先堵塞池中漏水的地方，疏通进、排水管和渠道，翻耕池底淤泥，在池底投放一些竹筒、瓦片等不易腐烂的东西，以利泥鳅躲藏。

（二）池塘消毒

池塘清整后，要马上进行消毒。最常用的消毒药物是生石灰或漂白粉。清塘的方法有干塘清塘和带水清塘两种。

干塘清塘：①生石灰用量为每 667 米^2 用 50～75 千

图 5-5　成鳅池放养前准备

克。方法是先将池水排至 5～10 厘米深，在池底四周挖几个小坑，将生石灰倒入小坑内，加水化开后，不等冷却即向四周均匀泼洒。为了提高效果，第二天可用铁耙等工具将塘泥耙动一下，使石灰浆充分与淤泥混合。②漂白粉用量为每 667 米^2 5～10 千克，用法为加水溶解后，立即全池均匀泼洒。

带水清塘：①生石灰用量为每 667 米^2 水深 1 米用125～150 千克。方法是在池边及池角挖几个小坑，将生石灰放入坑中，让其吸水化开，不待冷却即向池中均匀泼洒。②漂白粉用量为每立方米水用 20 克，加水溶解后，立即全池均匀泼洒。

水泥池清塘时，不要忽略了池壁的泼洒消毒。

（三）池塘施肥

清塘消毒后 5～10 天，要在池塘内施足基肥。基肥通常用畜禽的粪肥。每平方米用鸡粪 200 克，若用猪粪、牛粪，数量则要稍多一些。施肥的方法是先在池中注入 50 厘米深的水，将肥料堆在池四周，让养分自然释放出来。施用经过发酵后的粪肥，也可以采取全池遍撒的方式。

粪肥发酵，可以采用大缸发酵法。用装水 250～500 升的大缸，按牛粪（或马粪、猪粪）50%、鸡粪 30%、水 20% 的比例装好缸，用木棒搅拌均匀，然后用塑料薄膜封口发酵。一般在气温为 20℃时，只需一天一夜就可发酵好。施肥时，要用筛绢网过滤粪水，然后按每平方米水面 400 克的用量标准，做全池泼洒，3 天 1 次。几天后，池水呈黄绿色或褐绿色时，就可以放苗了。

（四）遮阴

对于水泥池或砖砌结构的池塘，在放鳅种前要在池中水面上栽种水生漂浮植物，如水葫芦、水浮莲等，进行遮阴，覆盖面应占池面的 10% 左右。

四、培育鳅种放养注意事项

一是下塘时间要适当。一般华东地区在 3 月中、下旬，华北地区在 3 月底、4 月初，东北地区应晚一些，必须在水温稳定在 10℃以上时放苗。放苗要选在晴朗无风天，并在上午或中午进行。

二是温差不能过大。鳅苗下塘时，鳅种池与成鳅池的水温差异不能超过 3℃，即用手试探没有明显的冷热感觉就可以。

三是要分散放养鳅种。成鳅饲养池较大，而鳅种在放养早期，一般不大活动。因此在放养鳅种时，不要集中在一两个地方，而是要多点多处投放，以避免鳅种汇聚在很小的水域，对生长不利。

四是要肥水下塘。这是指要在施肥后水蚤最多的时候，将鳅种下塘。水蚤即鱼虫，是泥鳅最好的天然饵料。清塘施肥后，首先是细菌和藻类大增，然后是轮虫开始占优势，7～8 天后是轮虫生长的高峰期。大约 10 天以后，水蚤便开始占优势。给池塘施肥后，要细心观察，当水蚤生长出现高峰时，即应将鳅种下塘。

五是鳅种入池前要消毒。鳅种入池前一定要进行消毒，以防止将细菌或寄生虫带入池塘。消毒采取浸泡法。用大木盆或桶装水，放入食盐，用量为每立方米水加 30～50 千克，待完全溶解后，放入鳅种浸泡 10～15 分钟。浸泡时要随时观察，一旦发现泥鳅躁动不安、剧烈扭曲跳跃，则应赶快将泥鳅放入池中。

六是放养密度要合适。泥鳅的放养密度与饲养方式、鳅种大小和管理经验技术有关。初养殖泥鳅者可在静水池中放养 3 厘米长的鳅种，每平方米放 100～150 尾，重 100～150 克；放养 5～6 厘米长的鳅种，每平方米放 30～50 尾，总重 150～200 克。在微流水池中，放养密度可以稍微大一点。若采用无泥养殖法养殖泥鳅，则放养密度可加大 1 倍。经验丰富的养殖户可以适当增加养殖密度，提高产量，增加效益。

五、野生鳅种放养注意事项

养殖泥鳅，有时因人工培育的鳅种不足，需要收购一些野生捕捞的鳅种来弥补。野生鳅种往往规格大小不一，捕捞运输过程中容易造成鳅体受伤，因此在放养过程中要注意：

①野生鳅种最好不要与人工培养的鳅种同池养殖。

②放养时，要经过筛选，同一池放养的野生鳅种尽量做到大小规格一致。

③为防止受伤鳅种发生细菌性疾病，野生鳅种下塘前必须进行鳅体消毒。方法有两种：一种是用食盐水浸洗消毒。4％食盐水 15～20℃温度下浸洗 10～15 分钟；另一种是用漂白粉浸洗消毒。每 50 千克水加 1 克漂白粉，

搅拌均匀后放入鳅苗，15～20℃温度下浸洗5～10分钟。

浸洗过程中要随时观察，一旦发现鳅种出现异常现象，应马上换入相同温度的清水中。

野生鳅种在自然环境中，往往白天隐藏，夜晚觅食，而且觅食分散。在养殖过程中必须先训练其白天定时吃食，集中在食台吃食，而且要训练其由吃天然饵料变为吃人工饵料。

驯食方法：野生鳅种下池后前2天不投喂饵料，让其适应池塘环境，并产生饥饿感，便于驯食。第三天晚上8时，在池塘周围设多个食台，投喂少量天然动物性饵料。以后每天推迟2小时投喂，并逐渐减少饵料台数量，饵料中也要逐渐减少天然动物性饵料量，增加人工饵料比例。经过10多天的驯化，可将野生鳅种的吃食习性改为白天定时定点摄食配合饲料。驯食过程中，如果一个驯化周期不成功，则要重复驯化，直至达到目的。

六、泥鳅常用饵料

投喂泥鳅的饲料来源较广，除天然饵料外，还有人工配制的饲料。常用的有蚯蚓、蝇蛆、螺肉、贝肉、野杂鱼肉、动物内脏、蚕蛹、畜禽血、鱼粉等动物性饲料，以及谷类、米糠、麦麸、豆渣、饼粕、荞麦粉、玉米粉、熟甘薯、蔬菜茎叶等植物性饲料。

常用的人工配合饲料，配方有以下几种：

①小麦粉 50%，豆饼粉 20%，米糠 10%，鱼粉或蚕蛹粉 10%，血粉 7%，酵母粉 3%。

②鱼粉或肉粉 5%～10%，血粉 20%，菜籽饼 30%～40%，豆饼 15%～20%，麦麸 20%～30%。次粉 5%～10%，磷酸氢钙 1%～2%，食盐 0.3%，并加入适量的鱼用无机盐及维生素添加剂。

③豆饼粉 25%，菜籽饼粉 35%，鱼粉 20%，蚕蛹粉 10%，血粉 7%，次粉 2%～3%，添加剂少量。

人工配制饵料时，在按比例配好原料以后，要充分搅拌混匀，并用颗粒饲料机制成直径分别为 1 毫米和 1.5 毫米的两种颗粒。也可以加水做成面团状的湿黏饵料，让泥鳅钻进去吃。

七、池塘养殖泥鳅的投饲

每天喂 2 次饵料，在上午 9～10 时和下午 5～6 时各 1 次。饲喂时配合饲料直接投喂，粉状饲料要加适量水搅拌成软块状，沿池塘周边散投。配制人工饵料，所用原料要新鲜，做成颗粒饵料后要干燥保存。绝不能投喂霉烂变质粉化的饵料。每天投喂量为鳅体重量的 4%～10%。7～8 月份喂得多，4～5 月份和入秋后喂得少。如果把握不准喂量，则可按每次投料后 1～2 小时内能吃完为准来掌握。即每次投饵后，隔半小时提起饵料框观察饵料消耗情况，如果半小时内或不到 1 小时饵料就吃完了，则说明投饵少了，下次要多加一些；如果 2 小时以后饵料还剩不少，则说明投饵多了，下次要减少一些。泥鳅进食完毕后，要及时将剩下的饵料倒掉，并洗干净饵料框。这就是投饵要掌握的定时、定质和定量的原则。

八、池塘养殖泥鳅的日常管理

成鳅池养的日常管理工作，主要是施肥，巡塘，了解吃食情况，管理水质，防病、防逃、防浮头和防泛池。

（一）施肥

泥鳅食性很杂，也喜欢吃有机碎屑、浮游生物、底栖生物、水生植物碎片和种子等。在泥鳅养殖期间，保持水质肥沃，既能为泥鳅培养天然饵料生物，弥补人工饵料的营养不全，又能降低养殖成本。施肥方法有基肥和追肥两种。施基肥的方法，在前面的池塘准备中已经叙述，在此不再赘述。施追肥，主要是根据水色情况，适当施加化肥，以保持黄绿水色，透明度为 15～20 厘米。如果水色呈茶褐色或黑色，则说明水质恶化，应立即停止投饵，加入新水；如果水色太淡，透明度过大，则应马上追肥。追肥时，每平方米水面施尿素 2～6 克，也可以每平方米施畜禽粪肥 100～150 克。

由于泥鳅耐低氧的能力较强，在实际生产中，各养殖户在实际水质管理时，可掌握宁肥勿瘦的原则，一般可每隔 30 天追肥 1 次。

（二）巡塘

坚持每日早、中、晚三次巡塘，观察池中泥鳅的活动情况和水质变化，发现问题及时解决。巡塘时，要随手拿着小捞海，不断把池中的蛙卵、蝌蚪和水面上的浮沫、脏东西捞出来。

（三）了解吃食情况

要经常检查饵料框中的饵料消耗情况，掌握泥鳅吃食多少和吃食后的反应。如果发现泥鳅食量锐减，要查明原因，及时采取相应措施加以解决。

（四）水质管理

要常看水色，根据水色分别采取追肥或注水等措施。如果水色发黑、混浊，泥鳅不断上浮吞气，则应立即停止投饵，放去老水，加注新水。如果水太清，则要追肥。

一般水的好坏可根据池水的颜色、浓淡和早晚变化情况判断。理想的养殖水质要求是"肥、活、嫩、爽"。

肥：是指水中的浮游饵料生物种群多、数量大、繁殖量高。生产上多以透明度来衡量。养殖泥鳅理想的透明度是 20 厘米左右。

活：是指池水早晚颜色有变化。这主要因为不同种类浮游生物由于光照、温度等条件的影响，活动的水域和水层在不断变化，使水面在不同的时间呈现不同的颜色所致。好的养殖水质通常呈"早红晚绿"。

嫩、爽：水带绿豆色或浅褐色带绿色，肥浓适度而不污浊。

通常草绿色带黄呈绿豆色，透明度 20 厘米左右，或浅褐色带绿色，或油绿色等几种水质被认为是较好的水质。这几种水色，天晴时水面均无任何颜色的浮泡或浮膜出现。

而水色呈茶褐色或黑色，则是最坏的水质。这种水质条件下要立即停止投饵，并加注新水。

（五）防治病害

如果发现泥鳅吃食锐减，或者发现泥鳅在池中躁动不安，不断上浮吞气，或者个别泥鳅离群独游，身体发黑，或者在池边发现死泥鳅等，都有可能是疾病的反映，因此要及时检查诊断，予以治疗。另外，还要防止鸭鹅等靠近鳅池，以防吃掉泥鳅。

（六）防止浮头和泛油

在闷热天气或久雨不晴时，要经常换水，防止泥鳅浮头或泛池。

（七）防止逃逸

要经常检查池埂是否牢固，进、排水口的防逃网是否结实、是否有漏洞，尤其是下暴雨或连降大雨时，要及时采取措施，该补的补，该堵的堵，该排水的要及时排水，防止鳅种逃走。

九、泥鳅养殖稻田的改造

用来养泥鳅的稻田，要选择有充足水源、枯水季节也有新水供应的稻田，而且要排灌方便，田底没有泉水上涌。土壤以黏土和壤土为好。稻田应保水力强，土质肥沃，有腐殖质丰富的淤泥层，不滞水，不渗水，干涸后不板结。水田面积最好为 $334 \sim 667$ 米^2，种植作物为单季中稻或晚稻。

稻田放鳅前要加以改造。改造的方式主要有沟溜式和田塘式两种。许多地方还采取沟溜式与垄沟式相结合的方式。

沟溜式就是在稻田中挖鱼沟、鱼溜，作为鱼的主要栖息场所。鱼沟，又叫鱼道，在中、小田中一般按"井"字、"十"字和"厂"字等形挖掘。鱼沟要求分布均匀，四通八达，没有死胡同，宽一般为35厘米，深 $20 \sim 30$ 厘米。鱼沟面积占稻田总面积的 $8\% \sim 10\%$。一般在秧苗移栽后，即秧苗返青时开挖。

鱼溜，又叫鱼窝、鱼坑或鱼凼。它作为养鱼稻田中的深水部分，是泥鳅夏天里的"避暑山庄"、冬天里的"温室"。鱼溜一般在插秧前挖，位置可在稻田的中央和四角，最多的是在进排水口处。鱼溜一定要挖在稻田的最低处。一般小田 1 个，大田 2～3 个，面积为 70 厘米×100 厘米、100 厘米×170 厘米、140 厘米×200 厘米，或者直径为 150～200 厘米，深度为 40～50 厘米，鱼溜总面积约占稻田总面积的 10%。沟溜式养鳅稻田有 3 种样式（图 5-6）。

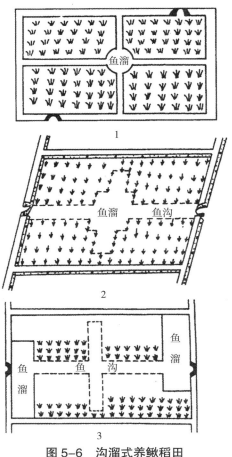

图 5-6　沟溜式养鳅稻田

　　垄沟式，即垄上种稻、沟里养鱼的养鱼稻田样式。在稻田中起垄，上面种稻，垄下是沟养鱼（图5-7）。一般很少用单纯的垄沟式养鱼，都采用沟溜式和垄沟式结合的方式，既有稻垄，又有鱼沟和鱼溜，鱼沟又分垄沟、围沟和主沟等（图5-8）。

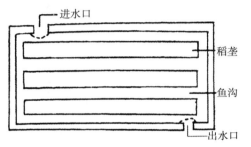

图 5-7　垄沟式养鳅稻田

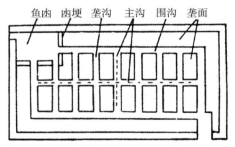

图 5-8　垄沟式与沟溜式结合的养鳅稻田

　　田塘式，是在稻田内部或外部低洼处开挖鱼塘，鱼塘与稻田相通的养鳅稻田样式。采用这种样式，泥鳅可在田、塘间自由活动和觅食（图5-9）。鱼塘面积占稻田面积的 10%～15%，深度为 1～1.5 米，塘与田以沟相通，沟宽、沟深均为 0.5 米。

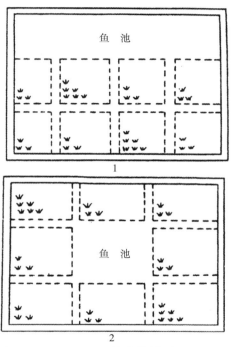

图 5-9　田塘式养鳅稻田

　　稻田的进排水口，都要安装拦鱼栅，以防止泥鳅随水逃走。拦鱼栅（图 5-10）一般呈弧形，凸面朝向水流，增大过水面积，缓解水流冲击。拦鱼栅要高出田埂 20 厘米，底部插入泥中。

　　稻田改造，还有一件重要的工作就是加高加固田埂。

田埂应加高到40～50厘米，底部宽60厘米，并且要夯结实，以防止泥鳅逃跑。表面最好贴上塑料薄膜，塑料薄膜两边要深入田块泥面下30厘米。这样，既能保持水位，又能有效地阻止成鳅逃逸。

图5-10　拦网设施（出水口）

十、稻田养成鳅技术

稻田养泥鳅有精养和粗养两种方法。精养就是以投喂人工饵料为主，辅以施肥、注水等技术手段养殖，产量较高；粗养就是不投饵，适当施肥培养天然饵料供泥鳅食用，产量有限。

（一）稻田精养

由于各地种稻技术、施肥方法有差异，因此在鳅种放养时间上也有所差异，但是都要坚持一个"早"字，要求做到"早插秧，早放鱼"。本着这个原则，最好在养鱼前一年的秋天，稻谷收割后，就选好稻田，搞好稻田改造，整理好田面。翌年水稻栽秧后，等到秧苗返青时，排干池水，加固一下田埂，疏通鱼沟，整好鱼溜，让太阳暴晒 3～4 天。然后，每 100 米^2 田块撒米糠 20～25千克，第二天每 100 米^2 再施畜禽粪肥 50 千克，并蓄水至 30 厘米深。5～6 天后，每 100 米^2 稻田放养规格 5～6厘米的鳅种 2 000～3 000 尾。

　　放鳅种后，田面不要经常搅动。第一周可以不投饵。1 周后，每隔 3～4 天投喂 1 次饵料。开始时，采用遍撒方式，将饵料均匀撒在田面上。以后逐渐缩小范围，集中在鱼沟内投喂。等到泥鳅正常吃食后，每天投饵要坚持"四定"原则，即"定时、定点、定质、定量"。投饵时间，固定在每天上午 9～10 时和下午 3～4 时。野生鳅要驯化成白天吃食。要确保饵料的新鲜，不投喂发霉变质饵料。饵料日投饲量要占鱼体重的 3%～7%，或者以泥鳅能在 2 小时左右吃完的饵料量为准。如果水温在 20℃以下，投喂的饵料中应以植物性饵料为主，可占60%～70%；如果水温在 20～25℃，投喂饵料中的动、植物性饵料应各占一半；如果水温在 25℃以上，所喂饵料则应以动物性饵料为主，可占 60%～70%。

　　另外，每隔 1 个月，养鳅稻田中应每平方米水面追施有机肥 0.5 千克，并加少量过磷酸钙，以培养浮游生物，增加泥鳅的活饵料。

　　饲养期间，要注意观察水色和鱼沟鱼溜内泥鳅的活动情况，经常换水，防止水质恶化。换水可以 1 周 1 次，每次换掉鱼溜内水量的一半。

（二）稻田粗养

稻田泥鳅的粗养比较简单，只要加高加固田埂，并在进、排水口建好拦鱼设备就行。有条件的可挖鱼沟鱼溜；没有条件的不挖也可，但要平整一下田面，使水能顺畅地流遍稻田。稻田插秧返青后，每 100 米^2 田面施 50 千克畜禽粪便作基肥，然后蓄水 20 厘米深。鳅种放养量为每 100 米^2 稻田 1 000 尾。粗放不投饵料，但每隔 30 天要追肥 1 次，每次用肥量为每 100 米^2 施有机肥 50 千克，或尿素 10 千克，或氯化铵 15 千克，或钾肥 5 千克。氨水一般不用作追肥，可以用作基肥。夏季高温季节，要加深田水，以防泥鳅烫伤。经过几个月粗养，每 100 米^2 稻田可产泥鳅 10～15 千克。

无论是精养还是粗养，在整个养殖期间，稻田的管理工作都不要放松。要经常检查防逃设施是否完好，避免逃鳅。尤其是暴雨来临之前和注排水之前，更要注意检查，并做好防洪排涝工作。平时要经常查看养鳅稻田，观察泥鳅吃食情况和水质情况，以便及时发现泥鳅的疾病，及时正确诊断和有效治疗。要特别注意清除泥鳅敌害。稻田泥鳅的主要敌害是水生昆虫、水蛇、黄鳝和鸭子等。发现稻田中有较大的水生昆虫时，要及时捕杀。要严防黄鳝、乌鳢等凶猛鱼类随水进入养鳅稻田。要及时驱赶水蛇，并严禁在稻田中放鸭子。

（三）养鳅稻田施药

种植水稻常常要喷洒农药，以便灭草、杀虫和防治病害。但是，农药对泥鳅有害，所以在养鳅稻田喷药要格外谨慎，一定要选择高效低毒的农药。

一般农药对鱼类的毒性分级有高毒、中毒、低毒三类。高毒农药有呋喃丹、对硫磷（1605）、五氯酚钠、敌杀死（溴氯菊酯）、速灭杀丁（杀灭菊酯）和鱼藤精等。中毒农药有敌百虫、敌敌畏、久效磷、稻丰散、马拉松、杀螟松、稻瘟净和稻瘟灵等。低毒农药有多菌灵、甲胺磷、杀虫双、速灭威、叶枯灵、杀虫脒、井岗霉素和稻瘟酞等。

正常用量的中、低毒农药对泥鳅一般无害。但是，有些中、低毒农药，如杀虫双，虽然正常用量无害，但是它在环境中不易分解，积累起来后会引起鱼中毒。因此，稻田在应用杀虫双时，最好在二化螟发生盛期喷施。前期则使用在环境中容易分解的药物，如杀螟松、敌百虫和马拉松等。利用冬闲稻田养泥鳅的，在水稻后期不要使用杀虫双。

喷施农药时也要格外谨慎。要掌握适宜的施药时间。粉剂要在早晨稻株带露水时喷撒，水剂要在晴天露水干后喷洒，下雨前不要施药。施药前应先加深田水，使水层保持在6厘米以上。药粉应该尽量喷撒在水稻茎叶上，以尽量减少落入水中的农药；用喷雾器喷水剂，要把喷嘴伸到水稻叶下，由下向上喷。不要采用拌土撒施的方法。使用毒性较大的农药，可一面喷药，一面换水，或者先将田水放干，将泥鳅赶入鱼沟鱼溜中后再喷药。为防止施药期间沟溜内因泥鳅密度过大，造成水质恶化缺氧，应该经常向沟溜内冲入新水。要等药力消失，向稻田里灌注新水后，再让泥鳅返回田中。

十一、木箱养泥鳅技术

在水源充足却不能建池的地方或者在农家庭院内，可以用木箱养殖泥鳅。

（一）木箱结构

做一个长 2 米左右、宽 1～1.5 米、高 1.5 米左右的木箱，箱壁要刨得非常光滑。在箱子相对的两侧，分别装上进水管和排水管，水管直径为 3～5 厘米，进水管距箱口 70～80 厘米，排水管距箱底 30 厘米，并在水管内口绑上尼龙网或铁丝网，以防止泥鳅顺管逃跑。箱口要加盖金属网盖。木箱做好后，先在箱底填入粪肥、泥土或稻草和泥土的混合物。稻草要切碎，最上层为泥土，底质厚度为 30 厘米。箱内要流水不断，水深应保持 30～50厘米（图 5-11）。把木箱放在有流水的地方，将进水口正对水流，让水从进水口进入，从排水口排出。也可以让水从箱顶进入，从两孔排出。无论怎么放置，木箱都要放在避风、向阳、水质较好、无污染和水温较高的地段。放时可将几个木箱连成一串或一片，进行集中养殖。

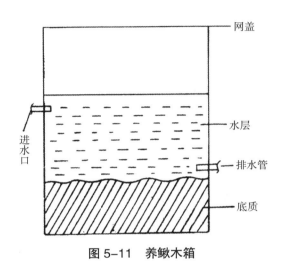

图5-11　养鳅木箱

网盖

水层

进水口

排水管

底质

（二）放养密度

鳅种放养密度要适当。每只木箱可放5厘米长的泥鳅种1 000～1 500尾。密度过大，不利于鳅种的生长；密度过小，又会造成箱体的浪费，二者都会降低养殖的经济效益。

（三）投喂

每天给鳅种投喂米糠、蚕蛹粉、麦麸、鱼虫或切碎的动物内脏等饵料，也可以喂市场上卖的配合饲料。自配饲料，配方参考静水养成鳅的相关内容。每日投饲量为泥鳅体重的 3%～5%。

（四）日常管理

由于木箱养泥鳅密度高，因此管理工作非常重要。每天要及时清除残饵，经常观察泥鳅吃食及活动情况。发现病鳅、死鳅，应及时捞出，并且要马上把病鳅挑出，用药物浸泡箱内其他泥鳅，预防疾病，并防止传染同箱的泥鳅。暴雨期要防止泥沙淤积，及时清除进、排水口上的杂物，防止流水不畅或泥鳅逃逸。每隔 10 天，要将箱底泥土层翻动 1 次。在饲养后期，可以把已达上市规格的泥鳅捞出卖掉，再放入小规格泥鳅。操作时，要轻捕轻放。饲养半年左右，每箱可收获成鳅 15 千克以上。

十二、流水池养泥鳅

在一些山区有流水的地方，由于地形狭窄，不适合建造较大的池子，可以利用地势落差，建造小型流水水泥池养泥鳅。

（一）流水池的建造

流水池要建成水泥池，面积为 5～10 米²，深 0.8～1 米。要建在水源充足的溪流边，使池内常年流水不断（图 5-12）。池子为与溪流平行的长方形，四角用水泥抹成弧形，前、后两端设进、排水口，并用塑料网或铁丝网绑在内口上，以阻止泥鳅逃跑。池底应有一定坡度，由进水口向排水口倾斜，以利于排水和排污，池底不铺泥（图5-13）。

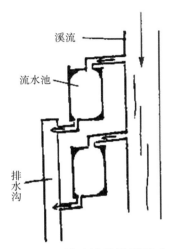

图 5-12　流水池的排列形式

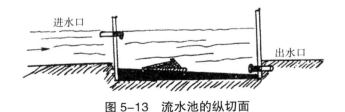

图 5-13　流水池的纵切面

（二）鳅种放养

流水池应保持流水不断，水深40～60厘米。由于水质好、饵料足，所以放养密度可以大些。一般每平方米放体长 5～6 厘米的鳅种 300～400 尾。鳅种规格要一致，不然入池后抢食不均，易造成生长差异。

（三）喂养

流水池内水很清，没有什么天然饵料，所以泥鳅所需要的营养全都来自人工投喂的饵料。饵料营养一定要全面，动物性饵料和植物性饵料各占一半。制作配合饲料的原料一定要新鲜，磨成粉，混合均匀，用少量次粉或淀粉做黏合剂，加水搅拌，做成饵料团。投饵的时候，要把饵料团放在密眼网和木条做成的饵料框上，在饵料框上绑好石块，沉在池子一侧的池底。饵料框的位置要固定，不要随意变动，也不要离排水口太近。每个池子可放 1～3 个饵料框。每天分上午、下午和傍晚 3 次投喂。每次投喂的饵料，要使泥鳅能在 2 小时左右吃完，不要太多，也不要太少，日投饲量占泥鳅体重的 5%～8%。如果有条件做成直径和长度均为 1 毫米的沉性颗粒饵料，则投喂效果更好。

（四）日常管理

流水池中水流交换快，溶解氧充足，水质清澈，喂养的泥鳅一般很少患病。但要注意防止敌害生物，如剑水蚤、水老鼠、龙虱幼虫和红娘华等进入鱼池。进池的水要用筛绢或密眼网过滤。进、排水口要保持水流通畅，并及时加大进水量排污。要经常检查进、排水口的防逃网是否有漏洞，进、排水渠道是否有泥鳅出现。如果发现有泥鳅出现，则可能有漏洞存在，应及时找出并修补好。

养鳅池水的流速要适当。流速过大，既浪费水，又会造成泥鳅顶水游泳消耗体力，影响生长；过小，水质容易恶化。一般每2天更换1次池水即可。每隔5天，要加大进、排水量1次，将淤积在池底的鳅粪和残饵冲出池外。

十三、网箱养泥鳅

在湖边、河边、大池塘中以及山间长年流水不断的小溪里，可以采用网箱养泥鳅。

网箱分为苗种培育网箱和成鳅养殖网箱两种。苗种培育箱用聚乙烯密眼网布制成，面积为 $5\sim10$ 米^2。成鳅养殖箱用5毫米网片制成，面积为 $10\sim20$ 米^2。两种网箱都是固定式网箱。网箱形式同苗种培育。网箱四角的竹竿应插入底泥，使底网紧贴泥面。网箱中放入3堆多孔板或2捆秸秆用作人工鱼礁。箱内可移植水葫芦、水浮莲等漂浮植物遮阴。

苗种培育箱每平方米放养刚孵出的鳅苗2万尾，成鳅网箱每平方米放养2 000尾 $5\sim6$ 厘米长的鳅种。放养前鳅体要用食盐水消毒。

鳅种入箱后，要投喂沉水的硬颗粒全价饲料。饲料营养一定要全面，动物性饵料应占一半以上。每天投喂3次，上午、下午和傍晚各1次。要一遍一遍地耐心投喂，泥鳅吃完一遍再撒一遍，直到大部分泥鳅吃饱为止。

饲养期间要经常检查网衣是否破损，发现漏洞应立即修补。平时，要常用漂白粉或硫酸铜挂袋预防疾病；为防止水蛇、水老鼠咬破网衣，进箱伤害泥鳅，可以在网边挂几束长的硬尼龙丝。要勤刷洗网衣，保持网箱内外水流畅通，使水中溶解氧丰富，并使丰富的浮游生物进入箱内，供泥鳅摄食。

十四、庭院养泥鳅

有些想在自己房前屋后空地养殖泥鳅的养殖者，可以考虑建造水泥池，也可以挖小土池。池子的大小和形状并不重要，只要能充分利用空地就行。池子深度至少要有70厘米，并能保持水深40厘米。土池底部要夯结实。水泥池不用放淤泥，可以放几捆秸秆作人工鱼礁。池底要留一个方形小坑，以便于池捕捉泥鳅。水泥池如果建在地面以上，则沿池外壁要堆一圈土，以防止冬季水温过低，夏季水温过高。如果是建地下池，则要预留排水道，而且进、排水道都要安设防逃铁丝网。

庭院饲养成鳅，根据水源和饵料的情况，每平方米可放养体长5～6厘米的鳅种10～30尾，每天投喂一些剩饭、米糠、麸皮和豆饼粉等即可。有条件的可以多投喂一些蚯蚓和鱼虫等动物性饲料。每天投喂 2 次，上午、下午各 1 次，并保持水质良好。秋天，当水温降至10℃左右时，可放干池水用抄网收捕泥鳅，每平方米可以收获商品鳅 200～600 克。如果计划在春节前后收捕，则可在 11 月上旬将池水彻底换 1 次，然后蓄满水越冬即可。

想自己繁殖鳅苗者，可以在捕捞商品鳅上市时，挑选身体强壮、有光泽、丰满肥大的泥鳅作亲鳅，亲鳅的雌雄比为 1：2，留在池中深水越冬。越冬后，水温达到15℃以上时，应加强投喂，强化培育，准备繁殖。

十五、水生作物田养泥鳅

在我国南方地区，有很多地方栽培藕、菱角、荸荠、茭白、慈姑和芡实等水生作物。在这些水生作物田里也可以养泥鳅。由于这些水田水体深，底泥有机物丰富，田中很少使用农药，又有大量底栖生物生存，因此甚至比稻田更适于养殖成鳅。利用这些水田养殖成鳅的技术要点如下：

（一）合理改造水田

像改造稻田一样，首先要加高加固田埂，使田埂高出水面 40 厘米，并且夯实。然后在水田的两个对角，挖设好进、排水口。进、排水口要安装2层拦鱼栅。外层拦鱼栅网目大，用来阻挡脏杂东西进入水田；内层拦鱼栅网目小，用来防止泥鳅在雨天和注、排水时随水逃跑，同时，也要防止敌害生物随水进入水田，危害泥鳅。另外，在水田的一角，要挖一个面积为1～3米^2、深40厘米的深水坑，以供泥鳅越冬和收捕泥鳅用。

（二）科学放养鳅种

多年种植水生作物的水田，水底淤泥厚，底栖生物多种多样。在水生作物秧苗种植前，要适当清整水田，挖出过多淤泥，只要保留20厘米厚的淤泥层就行了。还要按每立方米水体使用200克生石灰的标准，化水做全池泼洒消毒，待药力消失后，每立方米水泼施200克发酵粪肥水。如果水田中种植的是多年生水生作物，则只需适当清整一下底泥即可。放养的鳅种，一般都在3厘米长以上，每平方米放10～20尾。如果是放养当年繁殖的鳅苗，则每平方米可放30尾。还可以将带有泥鳅受精卵的鱼巢直接放入水田。放养鳅苗后，要适当投喂粉状饵料，如豆饼粉、蚕蛹粉和玉米粉等。过1个多月，鳅苗长至3厘米长以上后，就可以停止投饵。此时，如果发现田中鳅种过多，则要捕捞一部分，移入其他水田饲养。

（三）认真防治敌害

在整个夏季，要防止翠鸟、鸭子和凶猛鱼类入池危害泥鳅。如果发现藕池中红娘华、水斧虫、龙虱幼虫和蜻蜓幼虫较多，则要及时投放晶体敌百虫药剂予以清除，用药量是每立方米水体 0.4～0.5 克。施用时，将药研碎，然后用水化开制成浓溶液，全池泼洒。

（四）及时收捕与确保安全越冬

秋末，当水温降至 15℃以下时，要逐渐排放藕田中的水，迫使泥鳅向深水坑集中。然后，用抄网在深水坑中反复抄捕。之后，再蓄满水，使剩余的泥鳅在深水坑中安全越冬。一般每 667 米^2 水生作物田每年可收捕泥鳅 70 千克左右。

十六、鳅鳝套养技术

目前，很多地区出现了黄鳝和泥鳅同池饲养的鳝鳅套养养殖模式，黄鳝和泥鳅都能达到较好的养殖效果。其技术核心可总结为以下几点：

（一）养殖池

饲养黄鳝、泥鳅的地点要选择避风向阳、环境安静、水源方便的地方。采用水泥池、土池均可。池子的面积一般以 20～100 米^2 为宜，太大则不好管理。若用新建水泥池，放苗前一定要进行脱碱处理。脱碱处理方法同前所述。池深 0.7～1.0 米，无论是水泥池还是土池，都要在池底铺肥泥层，泥层以厚 30 厘米、含有机质较多的肥泥为宜，有利于黄鳝和泥鳅挖洞穴居。放苗前 10 天左右，用生石灰彻底消毒，并于放苗前 3～4 天排干池水，注入新水。

（二）放养

鳝鳅套养实际是以养殖黄鳝为主，泥鳅作为搭养品种。黄鳝种苗最好用人工培育驯化的深黄大斑鳝或金黄小斑鳝，不能用杂色鳝苗和没有经过驯化的野生鳝苗。黄鳝苗规格以 50～80 尾 / 千克为宜，太小摄食力差，成活率也低。放养密度一般以 1.0～2.5 千克 / 米² 为宜。黄鳝放养 20 天后再按 1∶10 的比例投放泥鳅苗。泥鳅苗最好也要人工养殖的，可较快适应高密度养殖，成活率高。

（三）饲喂

土池肥水投放黄鳝种苗后的 3～6 天内不要投喂，让黄鳝适应环境。从第 4～7 天开始投喂饲料。每天下午 7 时左右投喂饲料最佳，此时黄鳝采食量最高。水泥池及精养池塘第二天就可投放饲料。人工养殖黄鳝，饲料以配合饲料为主，适当投喂一些蝇蛆、蚯蚓、螺蚌肉、黄粉虫等动物性饵料。人工驯化的黄鳝最喜欢吃的是配合饲料和蚯蚓。投喂量按黄鳝体重的 3%～5% 为宜。每天投喂 1～2 次（根据天气和水温而定），遵循定时、定量的原则，饲养 1 年，20 克的黄鳝苗可长到 200～300

克。泥鳅适应力强，食性更杂，投放比例又小，所以在池糖里主要以黄鳝排出的粪便和吃不完的饲料以及天然动植物为食即可，不需专门投饵。若池糖中泥鳅比例超过 1/10 时，每天投喂 1 次麸皮即可。

（四）疾病防治

黄鳝一旦发病，治疗效果往往不理想，必须坚持"无病先防、有病早治、防重于治"的原则。经常用漂白粉 1 克 / 米^2 全池泼洒，定期用硫酸铜、鳝病灵、鳝鱼"转立停"，全池消毒，预防疾病。在黄鳝养殖池里套养泥鳅，还可减少黄鳝疾病，因泥鳅在养殖池糖里喜欢上下窜动，还可吃掉水体中的杂物，能起到净化水质、增氧的作用。

十七、鱼鳅混养技术

鱼鳅混养都是以养殖常规鱼类为主，少量地混养泥鳅。泥鳅是底栖杂食性鱼类，对环境的适应性强，在养鱼池塘中混养泥鳅，不用专门投饵，泥鳅只需以其他鱼的残渣剩饵和浮游生物、底栖生物为食即可。这样，在年底大量收获其他常规鱼类的同时，每 667 米^2 水面还能收获商品鳅 20～30 千克。

泥鳅可以和草鱼、鲢鱼、鳙鱼、鲂鱼和鲫鱼一起混养，不宜与青鱼、鲤鱼、黑鱼和鲴鱼等一起混养。黑鱼、青鱼能吃掉泥鳅。鲤鱼易钻泥搅混池水，对泥鳅生长不利。鲴鱼同泥鳅一样，吃其他鱼的剩余饵料和底泥中的有机质、底栖动物等，与泥鳅同为鱼池中的"清洁工"，会产生食性冲突。泥鳅与其他鱼类混养，通常每平方米可放 5 厘米长的鳅种 5 尾。

泥鳅个体小，抢食能力差，易受凶猛鱼类和龙虱幼虫、红娘华、蜻蜓幼虫等水生昆虫的伤害。因此，在放养鳅种前，要用生石灰彻底清塘，并把底泥耙 1 遍，充分杀死有害生物，然后用腐熟的有机肥施足基肥，再注水放鳅苗。养鱼用水进入鱼池前，要用密眼网过滤，严防野杂鱼和敌害生物入池，与泥鳅争食，危害鳅种。

十八、池塘排水沟养泥鳅

大多数的渔场都有长长的排水沟，有的有 100 多米长、20 米宽，既能排水，又能防止小偷进场偷鱼。在这些排水沟中，本来就生长着大量的泥鳅。在排水沟中，有机质丰富，尽管水中溶解氧较少，但泥鳅能耐低氧，只要密度合适，完全可以在其中生长。利用排水沟养泥鳅，要遵循以下技术要求：

（一）修整排水沟

排水沟的修整工作包括修建沟墙和安装防逃设施。

池塘排水沟是整个渔场的排水总道，在某些情况下，像连日暴雨、水质恶化、大面积浮头等，过水量相当大。因此修筑沟墙必须保证不影响正常排水，还要能使排水沟保持40～60厘米的水位。一般都是在排水沟两头建2道1米高的砖墙，内壁抹上水泥。向外排水的一头，在50厘米处建1道水闸，水闸上要安装密眼拦鱼网。每个池塘向排水沟排水的管道口，也要绑上密眼铁丝网，以防止泥鳅顺水闸或管道逃出渔场或进入养鱼池。平时要关闭水闸，当下大雨或各池塘排水时，再打开水闸放水。

（二）养殖管理

排水沟养泥鳅，每平方米投放5～6厘米长的鳅种10尾。养时不必投饵，但要进行适当的管理。每天要观察泥鳅活动情况，发现青蛙、蝌蚪或者水面上漂浮有脏东西和浮沫，即要及时捞出。沟内水生昆虫较多时，每立方米水中要泼洒0.4～0.5克晶体敌百虫溶化的溶液。春天，在泥鳅繁殖季节到来时，可以用杨柳须根、棕榈皮当鱼巢，将其投入排水沟内，供泥鳅自然繁殖用。当发现人工鱼巢上附着鳅卵时，可以拿出来进行人工孵化，也可以任其自然孵化。孵化出的鳅苗要放入养鱼池中一部分，以充分利用池底过多的有机质，改善水体环境，并收获更多的成鳅。

十九、泥鳅无公害养殖

所谓无公害食品，指的是无污染、无毒害、安全优质的食品，生产过程中允许限量使用限定的农药、化肥和合成激素。无公害食品标准主要包括无公害食品行业标准（NY）和农产品安全质量国家标准（GB），二者同时颁布。无公害食品行业标准由农业部制定，是无公害农产品认证的主要依据；农产品安全质量国家标准由国家质量技术监督检验检疫总局制定。无公害食品是指产地环境、生产过程、产品质量符合国家有关标准和规范的要求，经认证合格获得认证证书并允许使用无公害农产品标志的优质农产品或初加工的食用农产品。

泥鳅的无公害养殖实际上就是遵照政府制定的无公害泥鳅生产的标准从事泥鳅养殖活动。我国还没有农业部制定的无公害养殖行业标准。目前，从事泥鳅的无公害生产可参考的标准有浙江和安徽等省制订的地方标准。最新的是浙江省海洋与渔业局 2012 年制定的《DB 33/T 561—2012 泥鳅养殖技术规范》。该标准的主要技术措施介绍如下：

（一）养殖环境要求

养殖场应选择在环境安静，远离工厂和人群聚集区的地方，养殖池周边无潜在污染源，如畜禽养殖场、蔬菜大棚、农田、果园、垃圾场等。池塘底部不渗水，底质无有毒物质残留。

养殖水源应该水质清新，水量充足，周围没有污染源。水源水质应符合《GB 11607 渔业水质标准》（附录1）的规定，养殖用水水质应符合《NY 5051 无公害食品淡水养殖用水水质》（附录 2）的规定。

（二）池塘建设

养殖池塘应选择或建造条件良好的水泥池或土池为好，水泥池面积以 50 米^{2}为宜，底部要铺上 15～20 厘米厚的黏土或壤土，为泥鳅提供适宜的底质环境。水泥池对角线设置进排水口，排水口直径应大于 15 厘米，进排水口要用网片或尼龙筛绢围住，避免随水进入敌害生物或随水逃鱼。各池进排水口要独立。新修水泥池应浸泡清水 2～3 个月再用，或用前文介绍的方法处理，冲洗干净后使用。

土池面积以 150 米^{2}为宜，底质不能是沙质土，以中性、微酸性的黏质土壤为宜，防止渗水。池塘四周用网目 20 目的网布围绕，网布整体高度以 1～1.1 米为宜，底部埋入池底 20 厘米，避免逃鱼和敌害生物进入。池壁高 1～1.2 米。池塘对角线分设进排水口，进排水口要用铁丝网或尼龙筛绢围住，筛绢网目为 0.15 毫米（20 目），防止有害生物随水进入池塘或随水逃鱼。各池进排水口要独立。

（三）鳅苗培育

1. 池塘清整消毒　鳅苗下池前 10～15 天，进行清塘消毒。先将池水排干，检查有无漏洞，然后用生石灰清塘，池水深 7～10 厘米时，每立方米用生石灰 200～250 克，加水溶化趁热全池泼洒。如果池水无法排干，每立方米用 20 克漂白粉、加水溶化后立即遍洒全池，进行清塘。清塘后 1 周注入经筛绢过滤的新水。

2. 鳅苗培养方法

（1）豆浆培育法　鳅苗下塘后，每天须泼洒 2 次豆浆（每 100 米^2 水面需干黄豆 0.5 千克左右）。下塘 5 天后，每天的黄豆用量可增加至每 100 米^2 水面干黄豆 0.75 千克左右。泼浆时间为上午 8～9 时、下午 4～5 时各 1 次。

（2）肥水培育法　池塘事先施放经腐熟发酵过的有机肥作为基肥，最好是鸡鸭粪，用量为每平方米 500 克。培养好的池水水色应以黄绿色为宜。肥料使用应符合《NY/T 394 绿色食品　肥料使用准则》的规定。严禁未经充分发酵的肥料进入池塘。

3. 鳅苗放养　鳅苗应选择国家级、省级良种场或其他有苗种生产许可的专业性鱼类繁育场培育的优质鳅苗，规格均匀，健康活泼，游动有力，无伤、无病、无残。外购鳅苗应检疫合格。

鳅苗放养前，必须先在同池网箱中内暂养半天，并喂 1～2 只蛋黄浆（蛋黄处理方法同鳅苗培育），使其适应新环境，以提高鳅苗成活率。向网箱内放入鳅苗时，温差不应超过 2℃，且应在网箱的上风头轻轻放入。经过暂养的鳅苗方可放入池塘，以提高放养的成活率。放养密度为每平方米 750～1 000 尾。有半流水条件的池塘每平方米可放养 1 000～2 000 尾。

4. 养殖管理　鳅苗下塘时，池水水深应以 30 厘米为宜。饲养 5～10 天后，随鳅苗的长大再适当加注新水，提高池塘水位。注水的数量和次数，应根据鳅苗的长势和水色情况灵活掌握，一般每隔 1 周注水 1 次，每次注水 15 厘米左右。保持池水透明度 15～25 厘米。

鳅苗培育期间，坚持每天早、中、晚巡塘 3 次。第一次巡塘应在凌晨。如发现鳅苗群集在水池侧壁下部，并沿侧壁游到中上层（很少游到水面），这是池中缺氧的信号，应立即换水。午后的巡塘工作主要是查看鳅苗活动的情况、勤除池埂杂草；傍晚查水质，并作记录。此外还应注意随时消灭池中的有害昆虫和蛙，经常检查有无疾病。

（四）鳅种培育

1. 清塘消毒　同鳅苗培育。

2. 培育方法　鳅种培育应采用肥水培育的方法。基肥与追肥配合使用。鳅苗放养前 1 周要施用经充分发酵的有机肥作基肥，最好是鸡鸭粪，用量为每 667 米^2 100～200 千克。培养好的池水水色应以黄绿色为宜。

肥料使用应符合《NY/T 394 绿色食品　肥料使用准则》的规定。在饲养期间，可用麻袋或饲料袋装上有机肥，浸于池中作为追肥。追肥的用量为每次每平方米 0.5 千克左右。

3. 放养　选择放养的泥鳅夏花要求规格整齐，体质健壮，游动有力，无伤、无病、无畸形，体长 3 厘米以上。外购泥鳅夏花应检疫合格。

基肥施放后 7 天即可放养。一般泥鳅夏花放养密度为每平方米 250～300 尾，还可少量放养滤食性鱼类，如鲢、鳙鱼等。有流水条件的，放养密度可适当增加。

4. 饲养管理　除用施肥的方法增加天然饵料外，还应投喂如鱼粉、鱼浆、动物内脏、蚕蛹、猪血（粉）等动物性饲料及谷物、米糠、大豆粉、麸皮、蔬菜、豆腐渣、酱油粕等植物性饲料，以促进泥鳅生长。在饲料中逐步增加配合饲料的比重，使之完全过渡到适应人工配合饲料，配合饲料蛋白含量为 35%。配合饲料应符合《NY 5072 无公害食品　渔用配合饲料安全限量》（附录3）的规定。人工配合饲料中动物性和植物性原料的比例为 3∶2，用豆饼、菜籽饼、鱼粉（或蚕蛹粉）和血粉配成。水温升高到 25℃以上，饲料中动物性原料可提高到 80%。

饲料的日投饲量按水温情况酌情增减。一般水温25℃以下时，为鱼体重的 2%～5%；水温 25～30℃时，为鱼体重的 5%～10%；水温 30℃以上时，则不喂或少喂，每天上、下午各喂1次，上午喂30%、下午喂70%。经常观察泥鳅吃食情况，每次投喂量以1～2小时吃完为好。另外，还要根据天气变化情况及水质条件酌情增减。

投饲方法是配合饲料直接投喂，粉状饲料要加适当水搅拌成软块状，沿池塘周边散投。

5.日常管理　要经常清除池边杂草，检查防逃设施有无损坏，发现漏洞及时抢修。每日观察泥鳅吃食情况及活动情况，发现鱼病及时治疗。定期测量池水透明度，通过加注新水或施追肥调节，保持透明度15～25厘米。定期泼洒生石灰，使池水成5～10毫克/升的浓度，以杀菌消毒和调节水质。还可经常使用微生态制剂调节水质。但施用药物前后不要使用微生态制剂。

（五）食用鳅饲养

1.池塘养殖

（1）**池塘准备**　食用鳅的养殖池应选择面积为667～2 001米^{2}的池塘。池塘环境条件良好，进排水通畅，不渗水，池中无杂草，水源充足，水质良好。池塘清塘消毒、饵料培养同鳅苗、鳅种培育。

（2）**苗种放养**　放养的鳅种要求体长5～8厘米、大小整齐、行动活泼、体质强壮、无病无畸形。放养量为每平方米100～150尾。放养前用4%～5%食盐水浸洗消毒，浸洗时间视水温和鱼体质而定。一般水温10～15℃时，浸洗20～30分钟。水温高时，适当缩短浸洗时间。

（3）**水质管理**　池水以黄绿色为宜，透明度以 20～30 厘米为宜，酸碱度为中性或弱酸性。当水色变为茶褐色、黑褐色，或水中溶解氧在 2 毫克／升以下时，要及时注入新水。定期泼洒生石灰（池水终浓度 5～10 毫克／升），以调节水质和消毒。经常使用微生态制剂调节水质。

（4）**饲养管理**　泥鳅为杂食性鱼类。泥鳅的饲料组成与水温有关，25℃以下以植物性饲料为主，25℃以上以动物性饲料为主。除了施肥培育天然饵料外，还应投喂鱼粉、动物肝脏、蚕蛹、猪血（粉）等动物性饵料及谷物、米糠、大豆粉、麸皮、蔬菜、豆腐渣等植物性饲料。也可以投喂专门的浮性配合饲料，配合饲料粗蛋白含量应大于 30%。配合饲料应符合《NY 5072 无公害食品　渔用配合饲料安全限量》（附录 3）的规定。

泥鳅日投饲量按水温、天气变化情况及水质条件而定。通常在水温 15℃时开始摄食，这时日投喂量为鱼体重的 2%；水温 20～28℃时，日投喂量增至鱼体重的 10%～15%。一天分三次投喂。当水温高于 30℃或低于 10℃时，投喂量酌情减少。

投饲时，配合饲料直接投喂，粉状饲料要加适当水搅拌成软块状，沿池塘周边散投。

（5）**日常管理**　做好巡塘工作。每天早、中、晚巡塘 3 次，密切注意池水的水色变化和泥鳅的活动情况；及时观察饵料投喂后的摄食状况；下雨天增加巡塘强度，防止设施损坏或水位上涨造成逃逸。

2. 稻田养殖

（1）**稻田准备** 养鳅稻田应选择不渗水、不干枯、降雨时不溢水的稻田，田埂高60厘米，埂顶宽40厘米，能保水40厘米的稻田为佳，或设置高出水面20～30厘米的网布、塑料薄膜围墙，或在田四周加插石板、木板等，以防泥鳅潜逃。稻田对角线分设独立的进排水口，进出水口要设拦鱼网。在田中开挖鱼沟、鱼溜和鱼坑，水深40厘米，面积占稻田面积的5%～10%。田埂、鱼沟、鱼溜和鱼坑要夯结实，做到下雨不坍塌。

（2）**稻田施肥** 在沟、溜内施放经充分发酵的鸡、牛、猪粪等肥料，施放量每667米²200千克为宜，大量繁殖天然浮游生物，以后还要根据具体情况适当追肥。严禁肥料未经发酵直接施放。

（3）**放养** 在放养时间上要求做到"早插秧，早放养"。一般在早、中稻插秧后10天左右，再放夏花或鳅种。选择鳅苗夏花规格应在3厘米左右，放养量为每667米²20000～30000尾；5厘米左右的鳅种，放养量为每667米²20000尾。放养时，注意水温差不应大于2℃。

（4）**投饵管理** 养殖泥鳅不影响稻田正常施肥。饲料可以投喂鱼粉、豆饼粉、玉米粉、麦麸、米糠、畜禽加工下脚料等，可将饲料加水捏成团投喂；鳅种放养第一周先不用投饵。1周后，每隔3～4天喂1次。开始投喂时，将饵料撒在鱼沟和田面上，以后逐渐缩小范围，集中在鱼沟内投喂。1个月后，泥鳅正常吃食时，每天喂2次。日投喂量按水温情况和天气变化情况及水质条件而定，一般占鱼体重的2%～4%，早春和初秋一般为2%，7～8月份以4%为宜。每次投喂量以2小时内吃完为宜；超过2小时应减少投喂量。当天然饵料不足时，要投喂鱼粉、动物肝脏、鱼类废弃物等动物性饲料及米糠、蔬菜等植物性饵料。

（5）**日常管理** 经常巡田，注意观察鱼摄食情况、活动情况、水质变化和养鱼设施。经常整修加固田埂。注意检查进排水田拦鱼设施，有损坏要及时修补。下雨时更应加强巡田，降雨量大时，将田内过量的水及时排出，防止泥鳅逃逸。当水温超过30℃时，要经常换清水，并增加水的深度，严防被农药污染的水入田。如果泥鳅时常游到水面"换气"或在水面游动，表明缺氧，要注入新水，停止施肥。

养鳅稻田在防病治虫时，要正确选用对症农药，掌握放药浓度、时间和方法，使用高效低毒、低残留的农药，尽量将药液喷在稻叶上，不要直接将农药喷洒在稻子根部或水中，放药后及时换水。

（六）鱼病防治

1. 病害预防 泥鳅的病害很难治疗，因此养殖中要坚持"预防为主，防治结合，防重于治，早发现，早治疗"的原则，在整个养殖流程中注意以下防病环节：

①放养前对养殖池进行严格清整消毒。

②鳅苗（种）放养前严格消毒，消毒药物的浓度和浸洗时间、水温要科学搭配。

③保持水质清新无污染，溶解氧充足，透明度15～25厘米，及时换水。

④投喂新鲜饲料，饵料投喂"定时、定质、定量"，根据水温、天气变化、摄食情况合理增减。

⑤科学使用生石灰或微生态制剂调节水质。

⑥根据水质情况，定期对水体进行消毒。药物使用应符合《NY 5071 无公害食品　渔用药物使用准则》的规定（附录4）。

2. 常见病防治　泥鳅的常见病害有水霉感染引起的水霉病，细菌感染引起的赤皮病、腐鳍病、烂尾病，以及车轮虫、舌杯虫、三代虫等寄生虫引起的疾病等。具体诊断和治疗方法见"第七章　泥鳅病害防治"，治疗用药应符合《NY 5071 无公害食品　渔用药物使用准则》的规定（附录4）。

二十、泥鳅暂养方法

泥鳅捕捞后和运输前要暂养一段时间，一是为了让泥鳅排空体内粪便，提高运输成活率；二是除去泥鳅肉质的泥腥味，改善食品风味；三是为了将泥鳅集中起运和上市。

目前，常用的泥鳅暂养方法有鱼篓暂养、网箱暂养、水缸或木桶暂养、水泥池暂养等。

（一）鱼篓暂养泥鳅

暂养泥鳅的鱼篓，形状像市场上卖的菜坛子，口小肚大底阔，上口直径为 24 厘米，底径为 65 厘米，高 24 厘米，用竹篾编成。每篓可放泥鳅 7～8 千克，置于静水中暂养。如果放在微流水中暂养，每篓可放到 10～15 千克。鱼篓要有 1/3 露出水面，以便泥鳅进行肠呼吸。

（二）网箱暂养泥鳅

暂养泥鳅的网箱是固定式网箱，由尼龙网片和细竹竿构成。网目要小，以不逃鳅、不卡鳅为标准。网箱规格多为 2 米长，1 米宽，1.5 米高，或者长、宽、高都是 1 米。网箱插在清澈的浅水中，水上部分为 30～35 厘米，水下部分为 1～1.2 米，每立方米水体放泥鳅 50 千克左右。泥鳅入箱前，要仔细检查网箱是否破损；泥鳅入箱后，要勤观察，防止敌害生物靠近和人为破坏。要经常用小捞海捞出网箱中的过多黏液和污物。静水池塘中的网箱，每隔 2 小时泼洒 10 万单位青霉素注射液，以提高泥鳅暂养和运输的成活率。

（三）水缸或木桶暂养泥鳅

各种清洗干净的水缸或木桶都可以作暂养泥鳅的

容器。将容器放在阴凉的地方，每升水中可暂养泥鳅1～1.5千克。暂养第一、二天，每天换水2～3次，以后每天换水1次即可。要勤观察，勤捞脏物和死鳅，尤其在暂养的前2天更不能马虎；要防止敌害生物进入容器，暂养用水要用尼龙网布过滤；木桶或水缸要蒙上网布，以防止泥鳅逃跑。

（四）水泥池暂养泥鳅

用水泥池暂养泥鳅，既可短时间暂养上市，也可将各处收购的规格较大、快达到上市规格的泥鳅育肥养殖1～2个月。暂养泥鳅成本低、资金周转快、效益高，是一条增产增收的新途径。

1. 水泥池条件　每池面积100～1 000米^{2}均可，长方形、圆形或椭圆形均可，池底和四周用砖、石砌成，水泥抹面，池壁顶部用横砖砌成向内的檐。池深1.2～1.5米。靠水源处池壁上方建2个进水口，用硬管伸入池内，相对一侧池壁距池底10厘米处建2个出水口，用防锈金属管伸出池外。进、出水口都要在内侧安装拦鱼网。

2. 放养准备　新建水泥池要先进行脱碱处理（参见第四章相关内容）后才能使用。

放种前池底铺10～20厘米厚的松软泥土，池四周离池壁留1米宽的无土区，然后加水60厘米深左右，然后用20克/米^{3}浓度的高锰酸钾溶液浸泡消毒，隔1～2天后再用150克/米^{3}浓度的生石灰水泼洒消毒。10天左右加注新水。池中可栽少量篙草等挺水植物，或移植一些漂浮植物遮阴，避免阳光直射。移植植物面积占池水面积的10%左右。

3. **鳅种放养** 新建水泥池放养前要先"试水"，就是用水泥池中的水养几条泥鳅试一试，如果不死或无异常，说明水泥池已经处理好了，可以用了。老池不必"试水"。

鳅种入池前先要进行筛选，同一池要放养规格基本一致的泥鳅，受伤的泥鳅要挑出来，单独饲养一段时间后再放入暂养池暂养。

放养前鳅种要用4%食盐水浸洗10～15分钟消毒，或每50千克水加1克漂白粉，搅拌均匀后放入鳅苗，浸洗5～10分钟。浸洗过程中要随时观察，一旦发现泥鳅出现异常现象，应马上换入相同温度的清水中。

放养时，要注意运输水温与池水水温相差不能大于3℃，如果相差太大要进行"对水"处理。即将池水舀入运输水中，泥鳅适应后再放入池中。

放养量：10厘米以上的泥鳅，每平方米放2千克左右；8～10厘米的泥鳅，每平方米放0.5～1千克；6～7厘米的泥鳅，每平方米放0.2～0.3千克。

4. **投喂** 短期暂养不需要投饵。若1～2个月的育肥暂养，则需投饵。投喂以动物性饵料如蝇蛆、蚕蛹、蚯蚓、螺蚌肉及屠宰场下脚料等为主，辅以植物性饲料，如豆渣、米糠、麦麸、豆饼、植物茎叶、种子等，也可以投喂人工配合饲料。

野生泥鳅在自然环境中，往往白天隐藏，夜晚觅食，而且觅食分散。在养殖过程中必须先训练其白天定时吃食，而且要训练其由吃天然饵料变为吃人工饵料。

驯食方法：野生泥鳅下池后前 2 天不投喂饵料，让其适应池塘环境，并产生饥饿感，以便于驯食。第三天晚上 8 时，投喂少量天然动物性饵料。以后每天推迟 2 小时投喂，饵料中也要逐渐减少天然动物性饵料量，增加人工饵料比例。经过 10 多天的驯化，可将野生鳅种的吃食习性改为白天定点摄食配合饲料。驯食过程中，如果一个驯化周期不成功，则要重复驯化，直至达到目的。

驯食成功后每天投喂要做到"定时、定质、定量"。每天上午 8～9 时和下午 4～5 时各投喂 1 次。投喂量要根据放养密度、摄食强弱、天气情况、水质情况，按放养鳅重的 3%～10% 灵活掌握。

5. **暂养期间管理**　为给泥鳅提供良好的生存环境，每半个月定期给池塘换水 1 次，换水量为池水总量的 1/5，使水色始终保持黄绿色，保持鳅池有活爽的肥水。有条件的地方最好每天换水 1 次。

每天早晚巡塘 2 次，观察泥鳅的生长情况，检查堤坝、注、排水口的铁网罩是否完好，发现漏洞及时修补。

定期用生石灰或漂白粉进行消毒，进行水质调节和病害防治；防止污物、农药、蛇、鼠、猫、鸭、鹅等污染物和敌害生物进入池内伤害泥鳅；高温季节在鱼池上方搭棚遮阴，或加深水位。

6. 捕捞　暂养水泥池采用干法捕捉，将池水排干起捕，放入清新水池的小网箱内蓄养 1～2 天才能外运销售。蓄养目的一是去掉泥腥味，二是排出粪便，降低运输的耗氧量，提高运输成活率。

（五）泥鳅暂养期间注意事项

在泥鳅暂养的过程中，要注意做好以下工作：

一是暂养前要消毒泥鳅。进入暂养环境前，要用食盐水或漂白粉溶液浸洗消毒，以防止发生传染病。

二是水质水温要合适。泥鳅暂养期间密度相当高，因此要求水质一定要好，溶解氧要充足，短期暂养水温以 5～10℃ 为最好，以减少泥鳅活动，避免受伤。因为泥鳅暂养多在秋天进行，所以这种条件容易达到。流水暂养的，可选水质清澈、水温较低、有缓流的水域进行。静水暂养的，可使用井水或水库水，使用前要充分增氧。换水前后的温差不能超过 3℃。

三是要加强管理。暂养中，要勤观察，勤换水，勤捞脏，发现病、死鳅要随时捞出，及时采取措施，防止传染病蔓延。

四是根据目的确定暂养时间。暂养的目的不同，暂养的时间长短也不一样。如果暂养时间长，要适当减小放养密度。如果水温较高，还要适量投饵。若暂养时间短，密度可大些，但是要勤观察，勤换水。

第六章
泥鳅活饵料的采捕与培养

泥鳅养殖过程中，以动物性饵料为主投喂最好，因此可以开发一些饵料动物养殖。常用的饵料动物有黄粉虫、蚯蚓、水丝蚓和蝇蛆等。

一、水丝蚓的采捕

水丝蚓是泥鳅的最佳活饵料之一，其营养价值高、分布广泛、密度大、产量高，尤其在城市污水排放口的下游，量特别大。

采捕水丝蚓用长柄抄网。它由网身、网框和捞柄组成。网身长 1 米左右，呈长袋形，用密眼聚乙烯布裁缝而成，网口为梯形，两腰长 40 厘米左右，上底和下底分别为 15 和 30 厘米。网架框由直径 8～10 毫米的硬竹或钢筋制成，在框架的 1/3 处设横档，便于固定捞柄。捞柄用直径 4～5 厘米的竹竿或木棒制成（图 6-1）。

图 6-1　采捕水丝蚓的长柄抄网

　　采捕地点选择有机质丰富、底质平坦、少砖石、水深 10～80 厘米的静水或流速缓慢的微流水水域。采捕时，人站在水中用抄网慢慢捞取水底表层浮土，待网袋里的浮土捞到一定数量时，提起网袋，一手握捞柄基部，一手抓住网袋末端，在水中来回拉动，洗净袋内淤泥，然后将水丝蚓倒出即可。

二、黄粉虫人工养殖

　　黄粉虫养殖既可用盆养，也可用箱养。

（一）盆养技术

　　家庭盆养黄粉虫，适合月产量 5 千克以下的养殖。
　　饲养设备可以选用旧脸盆、塑料盆、铁盒、木箱等，要求容器完好，无破漏，内壁光滑，虫子不能爬出即可。

若内壁不光滑，可以在内壁贴一圈胶带，防止虫子爬出。另需要 40 目、60 目筛子各 1 个。

挑选个体大、整齐、活动力强、色泽鲜亮的虫种。

在盆中放入饲料，如麦麸、玉米粉等，同时放入幼虫虫种，饲料为虫重的 10%～20%，3～5 天后，待虫子将饲料吃完后，将虫粪用 60 目筛子（60 目尼龙纱网制成的筛子，筛子内壁要求光滑或用胶带纸粘一圈防护层）筛出，继续投喂饲料。适当加喂一些蔬菜及瓜果皮类等含水饲料。幼虫化蛹时应及时将蛹挑出分别存放。蛹不摄食，也不活动，但要保证环境温度适宜。待8～15 天后蛹羽化变为成虫后，就要为其提供产卵环境。即将羽化的成虫放入产卵的盆（或箱）中，在盆或箱底部铺一张纸（可用报纸），然后在纸上铺一层约 1 厘米厚的精细饲料，将羽化后的成虫放在饲料上，在 25℃时，成虫羽化约 6 天后开始交配产卵。黄粉虫为群居性昆虫，交配产卵必须有一定的种群密度，即有一定数量的群体，交配产卵方能正常进行。一般密度为每平方米1 500～3 000 头。成虫产卵期应投喂较好的精饲料，除用混合饲料加复合维生素外，另加适量含水饲料，如菜叶、瓜果皮等，不仅可给成虫补充水分，且可保持适宜的环境湿度。湿度不可过高，否则会造成饲料和卵块发霉变质；湿度过低，又会造成雌虫排卵困难，影响产卵量。所以采用此法饲养黄粉虫应严格控制盆内湿度。

成虫产卵时将产卵器伸至饲料下面，将卵产于纸上。

由于雌虫产卵时同时分泌许多黏液，卵则黏附在纸上，同时又黏附许多饲料将卵盖住，很多卵产在一起为聚产，这张纸称为"卵纸"。待3～5天后卵纸粘满虫卵，应该更换新卵纸，若不及时取出卵纸，成虫往往会取食虫卵。将取出的卵纸集中起来，按相同日期放在一个盆中，待其孵化。气温在24～34℃时6～9天即可孵化。刚孵化的幼虫十分柔弱，尽量不要用手触动，以免使其受到伤害。

将初孵化的幼虫集中放在一起，幼虫密度大，成活率会高一些。经15～20天后，盆中饲料基本吃完，即可第一次筛除虫粪。筛虫粪用60目网筛。以后每3～5天筛除1次虫粪，同时投喂1次饲料，饲料投入量以3～5天能被虫子食尽为准。

投喂菜叶、瓜果皮等的时间应在筛虫粪的前1天，投入量以1个夜间能被虫子食尽为度，或在投喂菜叶、瓜果皮前先将虫粪筛出。因投喂菜叶、瓜果皮后，虫盆内湿度加大，饲料及卵易发生霉变，第二天应尽快将未食尽的菜叶、瓜果皮挑出。特别是在夏季，要防止盆内湿度过大，以免造成饲料霉变，使虫死亡。

这种方法只要管理周到，饲料充足，每千克虫种可以繁殖50～100千克鲜虫。仅适于家庭小规模喂养，成本较高，但方法简单。

（二）箱养技术

箱养是常用的养殖方法，适合中大型规模养殖。箱养设备主要有养虫箱、集卵箱和筛子等。

1. 养虫箱 为无盖长方形木箱,内壁打磨光滑,以宽胶带纸贴一周,压平,防止虫子外逃。四壁用 1～1.5 厘米厚的木板,底用三合板或纤维板(图 6-2)。

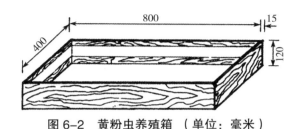

图 6-2 黄粉虫养殖箱 (单位:毫米)

2. 集卵箱 由一个养虫箱和一个卵筛组成,内壁也应有光滑带,卵筛底部钉铁窗纱(图 6-3)。为了防止成虫产卵后取食卵,造成损失,可将繁殖用成虫放在卵筛中饲养,再将卵筛放入养虫箱内。在卵筛中雌虫可将产卵器伸至卵筛纱网下产卵,这样卵就不会受到成虫的为害,而且也减少了饲料、虫粪等对卵的污染。

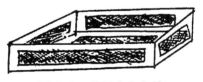

图 6-3 黄粉虫集卵箱

3. 筛子 需要用几种不同规格的筛子,筛网分别为

100目、60目、40目和普通铁窗纱。筛子用于筛除不同龄期的虫粪和分离虫子。筛边内侧也应有光滑带，防止虫子外逃。

4. 养殖设施与饲养技术　黄粉虫对饲养场地要求不高，但要在室内养殖。将养虫箱横竖相间叠放在一起，或用角铁、钢筋焊接，或用竹木搭架多层饲育床（图6-4），将养虫箱放在饲育床上饲养。饲育床之间要留出供饲养人员通行的空间。养殖期间，要能防鼠、防鸟、防壁虎等，并防止阳光直射，保持黑暗、通风好。夏季温度要控制在33℃以下，冬季如要继续繁殖生产时，温度需控制在20℃以上。黄粉虫耐寒性较强，越冬虫态一般为幼虫，在 −15℃ 时不被冻死。所以，冬季若不需要生产，可让虫子进入越冬虫态，不需要加温。

放置饲养槽的架子

图6-4　多层饲育床

5. 饲料 黄粉虫食性杂，饲料来源广，可以喂配合饲料，也可喂其他杂料。现提供几种配合饲料配方供参考。

1号饲料配方：麦麸70%，玉米粉25%，大豆4.5%，饲用复合维生素0.5%。将以上各成分拌匀，经过饲料颗粒机膨化成颗粒，或用16%的开水拌匀成团，压成小饼状，晾晒后使用。此配方主要用于饲喂生产用黄粉虫幼虫。

2号饲料配方：麦麸75%，鱼粉4%，玉米粉15%，食糖4%，饲用复合维生素0.8%，饲用混合盐1.2%。加工方法同1号饲料配方。主要用于饲喂产卵期的成虫，可提高产卵量，延长成虫寿命。

3号饲料配方：纯麦粉（为质量较差的麦子及麦芽等磨成的粉，含麸）95%，食糖2%，蜂王浆0.2%，饲用复合维生素0.4%，饲用混合盐2.4%。加工方法同1号饲料配方。主要用于饲喂繁殖育种的成虫。

4号饲料配方：麦麸40%，玉米麸40%，豆饼18%，饲用复合维生素0.5%，饲用混合盐1.5%。加工方法同1号饲料配方。用于饲喂成虫和幼虫。

5号饲料配方：也叫麦麸饲料，即单用麦麸喂养。在冬季也可以麦麸为主，加适量玉米粉。

除了饲喂上述饲料外，还需适量添加蔬菜叶或瓜果皮，以补充水分和维生素C。

大规模饲养黄粉虫时，还可以利用高纤维素农副产品，如麦草、木屑、玉米秸、稻草、树叶、杂草等，经发酵后饲喂。发酵饲料不仅生产成本低，而且营养丰富，是理想的黄粉虫饲料。

黄粉虫饲料的卫生是十分重要的。保持饲料质量良好的最重要因素是饲料的含水量。应严格控制黄粉虫饲料含水量，一般不能超过10%。饲料含水量过高，与虫粪混合在一起时易发霉变质。

在大批量生产黄粉虫时，将饲料加工成颗粒饲料最好。加工颗粒饲料时，要将小幼虫、大幼虫和成虫的饲料分别加工。小幼虫的饲料颗粒以直径 0.5 毫米以下为好，大幼虫和成虫饲料颗粒直径为 1～5 毫米，饲料粒度应该适于黄粉虫取食。此外，饲料的硬度亦应适合不同虫龄取食的要求，过硬的饲料不适宜饲喂，特别是小幼虫的饲料更要松软一些。

对没有条件或不宜加工成膨化颗粒饲料的原料，可将各种饲料原料及添加剂混合拌均匀，加入 10% 的清水（复合维生素可加入水中搅匀），拌匀后晒干备用。

淀粉含量较多的饲料，可用 15% 的开水烫拌后再与其他饲料拌匀，晒干备用（注意维生素不能用开水烫，否则营养丧失。）。

生有害虫的饲料，可以用塑料袋密封包装后放入冰箱或冰柜中，在 -10℃ 以下低温冷冻 3～5 小时，能杀死害虫，然后再将饲料晒干备用。

6.病虫害防治 在正常饲养管理条件下，黄粉虫很少患病。但随着饲养密度的增加，其患病率也逐渐升高。如湿度过大，粪便污染，饲料变质，都会造成幼虫的腐烂病，即排黑便，身体渐变软、变黑。病虫排出的液体会传染其他虫子，若不及时处理，会造成整箱虫子死亡。饲料未经灭菌处理或连阴雨季节较易发生这种病。

黄粉虫卵还会受到一些肉食性昆虫或螨类的为害。主要虫害有肉食性螨、粉螨、赤拟谷盗、扁谷盗、锯谷盗、麦蛾、谷蛾及各种蟥类昆虫。这些害虫不仅取食黄粉虫卵，而且会咬伤蜕皮期的幼虫和蛹，污染饲料。

对病虫害应在饲养过程中进行综合防治。首先选择的虫种应该是生活力强、不带病的个体。饲料应无杂虫、无霉病，湿度不宜过大。饲料加工前应经过日晒或消毒，杀死其他杂虫卵。饲养场及设备应定期喷洒杀菌剂及杀螨剂。严格控制温湿度，及时清理虫粪及杂物。还应防鼠、防鸟、防壁虎等敌害动物进入饲养场。在养虫箱中若发现害虫或霉变现象要及时处理，以防传播。

（三）虫种选择及饲养

1. **虫种的选择** 生产中选用优良的黄粉虫种是十分重要的。经过多年的人工饲养，黄粉虫群体经过无数代近亲繁殖，会出现退化现象，使黄粉虫生活能力下降，抗病力降低，生长速度变慢，个体变小。所以人工饲养黄粉虫应注意选种。

黄粉虫虫种选择应在幼虫期。选择老熟幼虫作虫种，选种时应注意以下几点：

一是个体大。一般可采用简单称量的方法，即计算每千克重的老熟幼虫头数。选作虫种的幼虫以每千克3 500～4 000只为好。幼虫每千克重为5 000～6 000只的，不宜留作种用。

二是生活能力强，爬行快，对光照反应强，喜欢黑暗。常群居在一起，不停地活动。把虫子放在手心，爬动迅速有力，遇到菜叶或瓜果皮时会很快爬上去取食。

三是形体健壮，虫体较充实饱满，色泽金黄，体表发亮，腹面白色部分明显。体长在30毫米以上。

在初次选择虫种时，最好购买专业部门培育的或自行培育的虫种，以后每养2～3代更换1次虫种。

除直接选择专门培育的优质虫种外，繁殖用虫种也应经过选择和细致的管理。繁殖用虫种的饲养环境应保持温度24～30℃，空气相对湿度60%～75%。繁殖用虫种的饲料应营养丰富，组分合理，蛋白质、维生素和无机盐充足，必要时可加入适量的蜂王浆，以促进其性腺发育，延长生殖期，增加产卵量。成虫雌雄比例以1：1较合适。成虫寿命一般为80～185天，若管理得好，饲料优质，可延长成虫寿命。优良的虫种在良好的饲养管理下，每头雌成虫产卵量可达880粒以上。

2. 喂养　喂养虫种时，除投喂一般饲料外，待幼虫长到5毫米长时，可适量投放一些青菜、白菜、甘蓝、萝卜、西瓜皮等。投放多汁饲料应将菜叶等洗净晾至半干，切成约 1 厘米 ^{2} 的小片，撒入养虫箱中。幼虫特别喜欢取食瓜菜类饲料，但投入量一次不能过大，过大会使养虫箱内的湿度增高，湿度过高虫子易患病。菜叶投喂量一般以 6 小时内能吃完为度，隔 2 天喂 1 次多汁饲料，夏季可适当多喂一些。在幼虫化蛹期应少喂或不喂多汁饲料。

3. 管理

（1）**饲养密度**　幼虫的饲养密度一般应保持在每平方米 3.5～6 千克。幼虫个体愈大，相对密度应小一些。室温高、湿度大时，密度也应小一些。繁殖用成虫饲养密度应保持在每平方米 5 000～10 000 只。

（2）**筛除虫粪**　幼虫孵化后很快就能采食饲料，待集卵箱中的饲料基本食完时（7～15 天）应尽快将虫粪及时筛除。筛除虫粪后，投放新的饲料。每次投入的饲料量为虫重的 10%～20%，也可在饲喂过程中视黄粉虫的生长情况适时调整饲料投入量，饲料投放量以 3～5 天食完为宜。一般幼虫为 3～5 天筛 1 次虫粪，投入 1 次饲料。

筛除虫粪时应注意筛网的型号要适于虫子个体的大小，以免虫子随虫粪漏出。1～3 龄幼虫用 100 目筛网，3 龄前的幼虫用 100 目筛网，3～8 龄用 60 目筛网，10 龄以上可用 40 目筛网，老熟幼虫用普通铁窗纱即可。筛虫粪时应观察饲料是否吃完，混在粪中的饲料全部被虫子食尽时再筛除虫粪。特别要注意的是，在喂菜叶及瓜果皮以前，应先筛出虫粪，以免虫粪粘在菜叶及含水饲料上。虫粪沾水后很快会腐烂、变质，造成污染。

（3）**分离蛹**　幼虫长到 12 龄以上时开始化蛹。黄粉虫蛹期容易被幼虫或成虫咬伤，所以养虫箱中有幼虫化蛹，应及时将蛹与幼虫分开。

分离蛹的方法有手工挑拣、过筛选蛹等办法。少量的蛹可以用手工挑拣，蛹多时用筛网筛出。在养殖过程中应不断改进养殖技术，使幼虫生长整齐，化蛹时间集中。在同一时间，多数幼虫同时化蛹，可减少虫间的互相伤残现象。分蛹应在幼虫化蛹前或快化蛹时进行。黄粉虫怕光，老熟幼虫在化蛹前 3～5 天行动缓慢，甚至不爬行，此时在饲养箱上用灯光照射，小幼虫较活泼，会很快钻进虫粪或饲料中，表面则留下已化蛹的或快要化蛹的老熟幼虫，这时可方便地将其收集到一起。

（4）**分离成虫**　分离出来的蛹集中到一起，经 5～8 天便会逐渐羽化为成虫。在同一批蛹中，羽化的先后时间不一致，先羽化的成虫会咬食尚未羽化的蛹，所以要尽早将羽化的成虫与蛹分离开来。分离成虫有几种方法：一是用菜叶诱集成虫，即在羽化出成虫时往箱中放一些较大片的菜叶，成虫便迅速爬到菜叶上取食，然后将菜叶与连同成虫一起取出，放到集卵箱中。如此反复几次，便可将成虫分离出来。二是用一块浸湿的黑布平盖在养虫箱的蛹和成虫上面，待 1～2 小时后成虫大部分爬在黑布上，将黑布移至集卵箱中，再将成虫拨下来。如此反复分离，比较方便。三是用手工挑蛹，缺点是既费人工，又易使蛹和成虫受伤。

4.集卵　成虫产卵时可用卵筛通过纱网集卵；也可不用纱网，而是在饲料的下面放一张纸，即前面讲到的盆养的取卵方法。成虫产卵时每3～5天取1次卵纸，连同饲料中的卵和纸一起取出集中放入养虫箱中，另换上新的饲料和报纸，供成虫产卵。如此反复收集虫卵，待其孵化。但此方法不及筛网集卵方法好，因为成虫还有可能取食部分卵块。

三、蚯蚓人工养殖

（一）蚯蚓养殖品种

目前养殖的蚯蚓品种主要有青蚓、大平二号和北星二号。青蚓身体多为青黄色或灰绿色，对黄鳝的诱食效果最好；大平二号和北星二号是目前养殖最多的品种，虽然个体都较小，但是产量都很高，食性广，容易养殖。其身体背面都呈橙红色，腹部扁平。

（二）基料制备

制备养殖蚯蚓的饲料，一般选用人的粪尿或牛粪、猪粪、鸡粪（发酵时间较长）等畜禽粪便，加入切成小段的植物秸秆、树叶、锯末等，可以尽量多加入一些，以提高粪料透气性，一般粪料占70%，草料占30%。放置时间较长的粪料或新鲜粪料都可以利用，也可以用 20%的作物秸秆加10%的麸皮代替草料。然后用光合细菌稀释液或酵母液，也可以用尿或水浇透，充分发酵。具体做法是：先在地上挖一个浅坑，坑底铺一层粪，撒一层草，用光合细菌稀释液、酵母液、尿或水浇透，再铺一层粪，撒一层草，浇透，这样一层一层堆起来，越往上浇得越多，一定要浇透。1周后用叉子将草粪堆翻一遍，再浇点水或尿，堆制1周再翻1次，这样翻5～6次后，基料就充分发酵好了。为缩短发酵时间，每次发酵粪料不宜过少，每堆应在500千克以上。发酵期间，保持发酵粪料含水量在80%～90%。

发酵好的粪料在使用前2～3天，应取出在地面晾晒，让粪料中残余的氨气等有害气体散失掉。发酵好的粪料各种成分混合均匀，质地疏松，无不良气味发出，颜色变成咖啡色。

（三）蚯蚓养殖常用方法

蚯蚓的养殖方法很多，有盆养法，箱筐养殖法，温室、山洞、窑洞养殖，农田养殖，棚式养殖，池沟养殖，堆肥养殖，沟槽养殖法，蚯蚓和蜗牛混养等。这里只介绍常用的几种方法。

1. 盆养 脸盆、花盆、废弃不用的陶器等容器均可用于养殖。盆内投放饲料不要超过盆深的3/4，一般的花盆每盆可饲养蚯蚓10～70条；脸盆每盆可饲养蚯蚓

40～150条。

由于盆面积小，盆内温度和湿度受外界环境影响变化大，表面的土壤和饲料容易干燥。所以养殖时要特别注意，在保证通气的前提下，尽量保持盆内的土壤和饲料的适宜温度和湿度，可加盖苇帘、稻草、塑料薄膜等，经常喷水，以保持其足够的湿度。

2. **箱、筐养殖**　利用废弃的包装箱、柳条筐、竹筐等均可，也可加工专门的蚯蚓养殖箱。养殖箱为长方形的无盖木箱或塑料箱，深20～35厘米，大小不限，以方便搬运为宜。养殖箱底和侧面均应钻上排水、通气孔，箱孔面积一般以占箱壁面积的20%～35%为宜。箱两侧安装手拉柄，以方便搬运。

箱养通常还要做多层饲育床，将养殖箱叠放在饲育床上，可充分利用有限的空间，增加产量。多层饲育床可用钢筋、角铁焊接或用竹、木搭架，也可用砖、水泥板等材料垒砌（养殖箱和多层饲育床同黄粉虫）。养殖箱放在饲育床上，一般放4～5层为宜，过高不便于操作管理。两排床架之间留出供养殖人员通行的通道。另外，还应有温湿度表、喷雾器、竹夹、钨灯或卤素灯、网筛、齿耙等工具。

养殖箱内铺15厘米左右厚的饲料，每平方米放养4 000～9 000条蚯蚓。为防止水分蒸发，箱上可覆盖苇帘、稻草、塑料薄膜等。

养殖期间，室内要常通风，保持温度18℃以上，饲料堆含水量70%～80%。冬季注意保温，夏季经常用喷雾器喷洒凉水降温。随着蚯蚓逐渐长大，还应减少箱内的蚯蚓密度。

3. 室内转池养殖　在室内用砖垒2～3排砖池，每池面积5～10米²，深40厘米左右，每排之间预留工作人员通道。将发酵好的饲料在池内铺20～30厘米厚，每平方米放养蚯蚓4 000～6 000条，或小蚯蚓20 000条。为防止水分蒸发，池上可覆盖苇帘、稻草、塑料薄膜等，也可不盖，但要注意饲料的含水量，及时喷水加湿。

养殖期间，室内要常通风，保持温度18℃以上，饲料堆含水量70%～80%。冬季注意保温，夏季经常用喷雾器喷洒凉水降温。

4. 农田养殖　蚯蚓养殖将室内和室外结合起来，效果更好。春夏秋季将蚯蚓养殖移到室外，秋末冬初移至室内。室外可利用园林或农田，在其中开挖宽35～40厘米、深15～20厘米的行间沟，然后填入畜禽粪、生活垃圾等，上面再覆盖土壤，用尿或水浇透，每平方米放养蚯蚓1 000条左右，不专门放养，直接利用天然蚯蚓也可以。沟内经常保持潮湿，但不能积水。这种方法成本低，但受自然条件影响大，产量低。

5. 堆肥养殖　这是一种较经济有效的室外养殖办法。具体做法：取农家肥50%，土壤50%，两者混合，或铺一层肥料、铺一层土壤，每层10厘米厚，层层交替铺放成堆。每堆宽1～2米，高50厘米，长度不限。一般堆放 1 天以后，肥堆内即可诱集少量蚯蚓，也可以向肥堆内投放蚯蚓种进行人工养殖。养殖期间，经常向肥堆喷洒水，但不能使含水量过高，以免造成肥堆坍塌。

（四）日常管理要点

1. **粪料加入前要试喂**　粪料合格后加入光合细菌稀释液、酵母液等营养液方可投喂给蚯蚓。如粪料 pH 值较高，可在营养液中加入适量的醋。

2. **适时加入饲料**　发现养蚓粪料表面平整、料细如米糠，或蚯蚓外爬时应及时加上饲料。为防止粪料发酵不充分，引起蚯蚓死亡，可采取间隔加料法：加 20 厘米宽度，留 10～20 厘米宽度不加，待蚯蚓开始爬入新料中时再加入剩余地方。若晚上发现蚯蚓外逃，可采用开电灯或在周围撒一圈草木灰或石灰粉的方法即可控制。

3. **注意浇水保湿**　一旦发现粪料表面干燥应及时浇水（用 1∶300 的酵母液），保持含水量 70%～80%，冬天含水量可略降低。

4. **适时分出蚓茧**　温度 25℃以上时每 15 天左右分离一次种蚯蚓中的卵茧；气温降低分离时间逐步延长。每次分离出的蚓茧单独堆放孵化、饲养。同时应搞好种蚓提纯复壮，保持种蚓稳产、高产。孵出的小蚓饲养 30～50 天，就可采用光分离法取出投喂动物。

所谓光分离法，即将一个孔眼大小能够让蚯蚓钻过的筛子放于塑料盆上，将粪料先加水拌湿后倒入筛中，厚度以不超过 2 厘米为佳。将其置于阳光下，由于蚯蚓有怕光的习性，会拼命往下钻而掉入下面的盆中。

四、人工养殖蝇蛆

生产蝇蛆速度快、产量高，是获得蛋白饵料的较佳方法。

（一）蝇蛆的一般养殖方法

1. **准备粪料**　育蛆的粪料可以选用新鲜猪粪、鸡粪等吃粮或吃饲料的动物粪便，然后加入切成小段的植物秸秆或锯末，泼洒上酵母液（1∶300），发酵 7～10 天。发酵时加入秸秆是为了增加粪料的透气性，否则蛆不易入粪。

发酵期间，粪料要勤加翻动，并适当泼洒酵母液，使灭菌、除臭更彻底。

发酵好的粪料在使用前 2～3 天，应取出在地面晾晒，让粪料中残余的氨气等有害气体散失掉。

2. **种蝇来源**　最好从科研部门或专业养殖场购进无菌家蝇作种。也可用野生家蝇灭菌后作种。方法是：将含水量 10% 的粪料放入玻璃瓶中，然后放入即将变成蛹的蛆，当蛆变成蛹后，用 0.1% 高锰酸钾浸泡 2 分钟，再挑出个大饱满的蛹放入种蝇笼中，羽化后就是无菌种蝇。

3. **养蝇产蛆**　一般采用笼养法。种蝇笼由铁丝和密铁丝网或筛绢做成，笼的一边开一个小洞，用于伸手进去，进行各种操作。小洞口套一个长的黑布套，平时系住，伸手进笼时，从布套里伸进去，可防止种蝇飞出（图6-5）。

图6-5　养蝇笼

种蝇笼放在育蛆室内，保持室温27～29℃。每个种蝇笼内放清水1小杯，1个料盘，盛种蝇饲料。种蝇饲料用红糖、奶粉或蛆浆加水配成（比例为1∶0.2∶10），再加入适量的苍蝇催卵素后倒入料盘，让海绵吸足料液，供苍蝇采食，再放1个料盘，里面盛着养蛆粪料，作产卵缸，引诱雌蝇产卵；还要放1个普通玻璃罐头瓶，作羽化缸，用作种蝇换代时羽化种蝇。

每天上午将料盘、清水杯取出清洗，换上新鲜饲料和水，然后将产卵缸拿出，倒出里面的卵和粪料，更换上新的粪料，放回原处。每批种蝇从羽化后起，20天就要淘汰，再换新种蝇。换新种蝇时，网罩和笼架用5%

来苏水浸泡消毒后，清水冲干净再用。

4.蝇蛆培育 可以用盆，也可以建砖石的蛆池。

粪料铺3～5厘米厚，夏天不超过3厘米。从种蝇笼取出卵后，按每千克粪料5克卵，将带卵粪料堆入蛆池。

早上检查蛆房空气，若氨气较重，应用酵母菌液对水喷洒蛆池以外的地方。一般8～12小时，就能孵化出蛆。刚孵出的小蛆久久不能钻入粪中，为避免其到处乱爬，缩短育成时间，应用猪血拌麸皮饲喂。

培育期间，保持温度22～25℃，含水量70%～80%。粪料入蛆池4天后要注意观察粪料含水量情况，如出现干燥现象应浇洒清洁水，保证含水量80%左右，否则会有许多蛆滞留在粪中不出来，在粪料中蛹化。粪料利用6～7天应更换新粪料，换出的蛆粪加入酵母液发酵后便可拿去饲喂蚯蚓。

（二）蝇蛆的快速养殖方法

1.培育工具 一般家用的塑料盆、塑料桶等容器均可，要求四壁比较光滑，盆的深度大于25厘米即可。

2.吸卵物的选取、配制及蝇卵的收集培育 可以直接用新鲜鸡粪作为吸卵物收集蝇卵。

方法是：将新鲜鸡粪放于盆中，若鸡粪过干应洒适量水，将其放在野外苍蝇较多的地方，尽可能放在阴凉处，若阳光过强可适当遮阴。一般放置后立即就会有苍蝇积聚产卵，每天下午将吸卵物取回，可见鸡粪的表面有成块成块的苍蝇卵块，应立即使用加水拌湿的玉米粉或麦麸盖上，以保证卵块有一定的湿度，第二天即可见到很多小蛆，可将其分盆进行饲养。

饲养方法是：先在盆内铺上 3～5 厘米厚的加水拌湿的麦麸或玉米粉，然后将已孵化的小蛆连同吸卵物一起放到麦麸或玉米粉上面。小蛆吃完吸卵物后会迅速钻入下面的饲料中，在正常的情况下，3 天即可长成大蛆。

用于养蛆的粉料可发酵也可直接使用，使用米糠生蛆则必须进行发酵，且米糠必须是质量较好的米糠，完全是稻谷壳的米糠生蛆效果不好。通过发酵可以提高蝇蛆的产量。一般直接使用 1 千克麦麸大约可以产蛆 0.5 千克，1 千克玉米粉可产蛆 0.4 千克。发酵后大约可将产量提高 1 倍。拌水后的粉料容易发热，因此盆内粉料的厚度不要太厚，以防蝇蛆热死。养蛆盆应放在温度较高（25～30℃）、光线稍暗的地方。

（三）蝇蛆的分离

1. 大小盆分离法　在一个较大的盆内放上一个较小的塑料盆，将小盆的四壁用湿布抹湿，将蛆料倒入小盆中，厚度为 2 厘米左右，蝇蛆即会沿盆壁爬入大盆中。

2. 光分离法　将一个孔眼大小能够让蛆钻过的筛子放于塑料盆上，将蛆料先加水拌湿后倒入筛中，厚度以不超过 2 厘米为佳。将其置于阳光下，由于蝇蛆有怕光的习性，会拼命往下钻而掉入下面的盆中。

3. 建有养蛆房的 可将其倒入育蛆池，让其自动分离。

培育蝇蛆后的废料可直接用于养鸡、养猪、养鱼等，是非常优良的饲料，而且适口性好。

（四）蝇蛆利用与加工

蝇蛆的利用有两种方法：一是活体直接利用，即将蛆收集起来后直接投喂经济动物。由于采用了酵母液处理，养殖出来的蛆已基本不带有害菌，所以不必经过消毒就可直接投喂。水产动物可投喂100％的鲜蝇蛆。二是加工成蝇蛆粉，作为配合饲料的原料。蝇蛆粉的加工方法是将收集到的干净蝇蛆放进开水中烫一下，蝇蛆马上死掉，然后晒干粉碎即可。

第七章
泥鳅病害防治

一、泥鳅患病原因

（一）自然因素

鳅池底质不好，有机质过多，发酵产生硫化氢、氨等有害气体过多，超过泥鳅所能承受的范围，还会造成水底溶解氧的极度缺乏，病原微生物大量繁殖。泥鳅吞食有害气体或感染病原微生物，导致大批死亡。水温过高，浮游植物大量繁殖，形成一层油膜似的水华，造成水质恶化；或者大量工农业污染物随水流入鳅池，造成水质恶化；或者气候突变，引起水中浮游生物大量死亡，使 pH 值发生较大变化，造成水质恶化；或者水温骤升骤降，造成泥鳅的不适应；或者水位忽深忽浅，引起泥鳅的不适等。这些自然环境因素的变化，都是造成泥鳅患病的重要原因。

（二）人为因素

养殖者技术不精、经验不足、操作不当等可造成泥鳅发病及死亡。如放养密度过大，造成供饵不足和水中缺氧；或者放养规格大小不一，造成大的越来越大，小的越长越小越瘦弱，以致最后死亡；或者放养了有伤、有残的鳅种，入池后发生水霉病，其他细菌又继发感染；或者投喂了变质、发霉饲料；或者在捕捞、运输或放养中，操作粗放马虎，造成泥鳅受伤；或者在水质管理中，没有过滤养鳅用水，没有采取预防敌害生物的措施，致使龙虱幼虫、红娘华、青蛙和水老鼠等经常进入鳅池，伤害泥鳅；或者在夏季高温时，由于水资源缺乏，无法经常换水，致使水质老化变坏等。这些也都是造成泥鳅发病的重要原因。

（三）生物因素

病原菌、病毒和寄生虫等直接侵入泥鳅体内，造成泥鳅生病。其实这一点往往是继发性的，只有水质恶化，才会引起病原菌、病毒或寄生虫侵袭，而在水质良好、溶解氧充足、营养丰富全面和精心周到的管理下，这些有害生物是很难得逞的。

（四）泥鳅自身因素

泥鳅因品种不好，苗种质量差，身体弱，抗病力差等而患病。近亲交配的品种抗病力退化；天气不正常的情况下繁殖的苗种，没有经过暂养就进行长途运输的苗种，用麻醉药、毒药麻醉后捕捞的苗种，质量均较差，易患病。

综合以上 4 点可见，泥鳅患病的原因很多，哪一个生产环节把不住质量关，都会造成损失。

二、泥鳅疾病预防措施

要防止泥鳅得病，就要在整个养殖过程中采取综合的科学管理措施和预防措施。

（一）严把苗种关

1. 防止泥鳅近亲繁殖　自己繁殖鳅苗，不要总是用自己培育的亲鳅，这容易造成近亲繁殖，导致品种退化。要引进外来的种鳅和自己种鳅交尾。引进的亲鳅一定要健康、无伤、活泼和丰满。

2. 鳅苗选择　鳅苗要求健康活泼、规格一致。引进的鳅苗要选规格一致，游动活泼，盛苗容器里没有过多黏液和污物的苗种。如果要长途运输，运输前苗种一定要经过 1～2 天的空腹暂养。

3. 野生苗种选择　选购野生苗种，要严格挑选，坚决去除有寄生虫、伤、病、残和被药麻醉的泥鳅种。伤残的泥鳅肉眼易观察；患病的泥鳅往往游动缓慢，用手抓起后挣扎无力；被药麻醉的泥鳅，用手抓起后，根本就不挣扎，软塌塌地像面条一样，这些野生泥鳅都不可以买来作种苗。

4. 运输、放养要精心 泥鳅能耐低氧，运输容易，但也不能掉以轻心。在装箱、装篓或装袋过程中，要轻拿轻放，不要人为地造成机械性创伤。运输途中要经常检查，确保皮肤湿润，必要时半路上要淋水。在盛夏高温季节，运输泥鳅时最好加冰块降温。

苗种放养时动作要轻。要注意水温差异，不要使装苗种容器中的水温和池中水温差异超过 3℃。另外，从野外捕捉的或从外地购买的鳅种，入池前一定要消毒。消毒方法是在大盆中或水桶里放入水，水中溶入消毒药剂。消毒药剂可从食盐、漂白粉、敌百虫、硫酸铜中任选一种，具体浓度和浸泡时间见表 7-1。浸泡过程中，要随时观察泥鳅的反应，发现泥鳅有躁动不安、上浮等不正常反应时，要立即捞出，投入饲养池中。通常水温低，浸泡时间长；水温高，浸泡时间短。

表 7-1 鳅苗消毒药物的浓度与浸泡时间

药　物	浓　度（克/米³）	水　温（℃）	浸泡时间（分钟）	主要防治对象
漂白粉	10	20～26	8～10	细菌性疾病

续表

药 物	浓 度（克／米³）	水 温（℃）	浸泡时间（分钟）	主要防治对象
食 盐	30 000～40 000	15～20 20～26	10～15 2～5	水霉病、车轮虫、斜管虫、隐鞭虫等
晶体敌百虫	10～20	20～26	10～12	寄生虫病（指环虫、三代虫、锚头蚤等）
硫酸铜	8	15～20 20～26	10～15 5～8	寄生虫病（车轮虫、中华蚤等）

（二）认真清塘

泥鳅在受到外界刺激后会钻到底泥中，白天也潜伏在底泥中，因此底质好坏对泥鳅的生长事关重大。底泥不能太厚，有机质不能太多，但也不能太瘦，不能有过多的敌害生物；不能太硬，以免影响泥鳅钻洞；也不能太软，否则泥鳅洞容易坍塌。因此，池塘事先必须按要求清塘，挖出过多淤泥，保留 20 厘米厚的肥泥层。要用溶化的生石灰或漂白粉液做全池泼洒，以彻底消毒，杀死底泥中的病原微生物和寄生虫。然后，再施加腐熟的粪肥水，培养天然饵料。对于放养密度大的流水池，要放入人工鱼礁，供泥鳅栖息。以上措施一定要严格认真地执行，否则会引起不良后果。

（三）改善水质

尽管泥鳅能耐低氧，但是在水质不良时，还是会引起泥鳅摄食减少，抵抗力下降，患病机会增多。因此在饲养期间，要每天注意水质的变化。水质瘦了要追肥，肥了要换水。如果水质发黑，就要彻底换水。只要经常保持水色为浅黄绿色，透明度 20 厘米左右，这样的水质就可以满足泥鳅生长的需要。

（四）投喂要"三定"

一是定时：投喂时间要固定。每天上午 9～10 时和下午 3～4 时各 1 次，有时傍晚还要加 1 次。

二是定质：饵料一定要新鲜、营养全面，尤其流水养泥鳅，营养全部来自饵料，更是应当注意。坚决不喂发霉、变质的饵料。

三是定量：每天的投饵量要占泥鳅体重的 3%～10%。投喂量可根据养殖的形式、水温和养殖管理水平而定。每次投喂量以泥鳅能在 2 小时左右吃完为准。

（五）加强管理

泥鳅的养殖管理主要是巡塘，捞出池中的污物、残饵；提起饵料框，倒掉剩下的饵料；观察水色，调整水质；观察泥鳅活动情况，如发现个别泥鳅离群独游、体色发黑，则要捞出诊断，确诊后应及时施药治疗。平时要做好"三消"，即鳅体消毒、池塘消毒、食场（台）消毒。

　　鳅体消毒，是指鳅种放养前的浸泡消毒。池塘消毒，指平时要经常向池塘泼洒生石灰或漂白粉预防疾病，通常每隔 20 天，按每立方米水体用漂白粉 1 克或生石灰 20 克的标准，将消毒剂放在水桶里溶化后，不等冷却立即做全池均匀泼洒。食场（台）消毒，通常采用漂白粉或硫酸铜挂袋（篓）消毒法，即在双层纱布或竹篓中放入 100 克漂白粉，或每个双层纱布袋放硫酸铜 100 克、硫酸亚铁 40 克，挂在饵料框周围水中。消毒药袋或篓的多少，根据食场的大小而定（图 7-1）。

图 7-1　挂袋（篓）消毒法

三、防治泥鳅疾病常用药物

（一）常用清塘消毒药物

1. **漂白粉**　为灰白色粉末。用于治疗细菌性疾病、清塘和浸泡消毒。敞开放置时容易受潮失效，因此应该密封保存在阴暗干燥的地方，防止阳光照射和受潮。不能用棉织品装载此药。用时现配。漂白粉能烧伤皮肤，大量使用时应该戴手套。

2. **生石灰**　为白色或灰白色硬块。常用于清塘消毒和预防、治疗细菌性疾病，还能改善水质。长期在空气中放置时易吸水粉化失效，所以要选用块状的。不要长时间存放，应现用现买。

3. **高锰酸钾**　为紫黑色结晶。常用于鱼体、工具和饵料框的浸泡消毒。应放在棕色瓶中密封保存。溶液要现用现配，使用时必须背光，而且要使用清澈、含有机质少的水作溶剂。

4. **硫酸铜**　为透明深蓝色结晶或粉末。常用于浸泡鱼体、工具、饵料台和防治寄生虫病。能杀死水藻、水螅，消除青泥苔。常与硫酸亚铁合用。用时要严格按安全浓度计算用量。溶解药物的水温不要超过60℃，否则容易失效。不能在铁盆、铁桶中溶解。

5. **敌百虫**　为白色结晶体、粉末或药片。主要用于杀虫，可做浸泡、泼洒和内服用。应置于透风、阴凉和干燥处密封保存。不要用金属容器配制和盛装药液。

6. **强氯精**　即三氯异氰脲酸，为白色结晶粉末，是高效、广谱和安全的消毒剂。对细菌、病毒、真菌和芽胞都有较强的杀灭作用，可用于清塘、浸泡、泼洒消毒和防治疾病。应在通风干燥的地方密封保存。

7. **优氯净**　即二氯异氰脲酸钠，为白色粉末或颗粒，有氯臭。有效氯含量不小于56%。性质稳定，水溶液呈弱酸性。有较强的杀菌作用，同时还有杀藻、除臭、净化水质作用。本品勿用金属容器盛装。一般全池泼洒给药，可用于防治鱼类、鳖、虾等各种细菌性疾病。

8. **二氯海因**　又名二氯二甲基海因。为白色结晶性粉末，略带氯臭。有效氯含量68%以上，性质稳定。二氯海因是20世纪80年代在美国、以色列等国发展的新型消毒剂，并已取代常见的二氯异氰脲酸钠、三氯异氰脲酸。本品对弧菌、大肠杆菌、嗜水气单胞菌、黏细菌、丝状细菌、柱状屈桡杆菌等细菌有很强的杀灭效果，同时对病毒和真菌也有一定的作用。稀释后随配随用，不可久放。勿与酸、碱物质混存或混合使用。全池泼洒给药，可用于防治鱼类烂鳃病、暴发性出血等各种细菌性疾病和预防病毒性疾病，及防治鳖、对虾等各种细菌性疾病。

9. **溴氯海因**　又名溴氯二甲基海因。为白色粉状固体，略带氯臭。有效氯含量在92%以上，一般制成有效溴氯含量 8% 的产品用于水体消毒。性质稳定。微溶于水，其抗菌作用强于二氯海因，杀菌效果是二氯海因的 8～10 倍。本品具有缓释功能，能根据水质情况自动调节，使水体长时间保持抑菌状态。稀释后随配随用，不可久放。全池泼洒给药，防治对象及作用同二氯海因。

10. 氨水 为无色澄明的液体，有强烈的刺激性气味。常用于清塘消毒，杀死鱼类敌害生物。应在 30℃ 以下密封保存。

（二）防治泥鳅疾病常用西药

1. 碘 为紫黑色结晶片或颗粒，有臭味。可以杀死细菌、芽胞、真菌和病毒，常用碘液涂抹鳅体表面伤口，防治疾病。应在棕色瓶中密封保存。

2. 亚甲基蓝 又叫美蓝，为深绿色有光泽的柱状结晶或深褐色粉末，易溶于水和醇。常涂抹在泥鳅身体表面伤口处，预防水霉病的发生。应在阴暗处用棕色瓶密封保存。

3. 磺胺间甲氧嘧啶 又名 SMM、制菌磺、DS-36。为白色或类白色的结晶或粉末，无臭，几乎无味。本品抗菌力为磺胺药中最强的，口服后吸收良好，血药浓度高，维持时间长，是一种较好的长效磺胺药。与氯磺丙脲配伍，抗菌效果增强。遇光色渐变暗，需遮光、密封保存。口服给药，可用于防治鱼类烂鳃病、白皮病、白头白嘴病、疖疮病、竖鳞病、弧菌病等。发病鳅池，按每日每 50 千克泥鳅用 5～10 克拌饵投喂，6 天一个疗程。

4. 磺胺甲基异噁唑　又名 SMZ、新诺明、新明磺。为白色结晶性粉末，无臭，味微苦。是一种较理想的抗菌药物。常使用 SMZ-TMP 复方制剂，又称复方新诺明。本品大剂量应用宜与碳酸氢钠同服，既可增加其吸收，又可增加其排泄，降低对肾脏的不良反应，以及减少对肠道的刺激；不能与酸性药物同服，如维生素 C 等。内服给药，可用于治疗鱼类多种细菌性疾病，如肠炎病、赤皮病、疖疮病、暴发性出血病等，以及鳖红脖子病、白板病等。发病鳅池，按每日每 50 千克泥鳅用 5～10 克拌饵投喂，6 天一个疗程。

5. 磺胺二甲异噁唑　又名 SIZ、磺胺异唑、菌得清。为白色或微黄色的结晶或粉末，无臭，味苦。抗菌活性次于磺胺间甲氧嘧啶和磺胺甲基噁唑。内服给药或肌内、腹腔注射给药，可用于治疗鱼类赤皮病、白皮病、烂鳃病、白头白嘴病、弧菌病、疖疮病、竖鳞病及亲鱼产后炎症。发病鳅池，按每日每 50 千克泥鳅用 5～10 克拌饵投喂，6 天一个疗程。

6. 青霉素　为白色粉末，常作针剂用，用于防治亲鱼产后感染和运输受伤感染。运输苗种时，在水中适当添加此药，可以稳定水质，提高运输成活率。

7. 金霉素　为金黄色粉末，主要用于防治细菌性鱼病。遇光易失效，应避光、密封保存在干燥低温的地方，冷藏效果更好。

8. **氟苯尼考** 又名氟甲矾霉素。本品属氯霉素类抗生素，但不引起骨髓抑制或再生障碍性贫血。为白色或类白色结晶性粉末，无臭。本品市场有售氟苯尼考注射液及含量为 10% 的氟苯尼考粉剂。长期使用（超过 10 天）易引起鱼类厌食及死亡。可用于防治细菌性疾病。发病鳅池，按每日每 50 千克泥鳅用 1～2 克拌饵投喂，6 天一个疗程。

9. **庆大霉素** 为微黄色粉末，应在阴暗处用有色瓶密封保存。口服给药，主要用于治疗细菌性疾病。发病鳅池，按每日每 50 千克泥鳅用 3～5 克拌饵投喂，6 天一个疗程。

（三）防治泥鳅疾病常用中草药

1. **大蒜** 为最常见的治疗鱼病的植物，有止痢、杀菌、驱虫和健胃的作用。常用来防治肠炎病。用法是捣碎后拌饵投喂泥鳅。

2. **地锦草** 又叫奶浆草、血见愁、铺地红。在我国许多地方房前屋后、路边、桑树林中都有生长。抗菌作用强，还有止血和中和毒素的作用。可用于防治肠炎病和烂鳃病。

3. **楝树** 又叫苦楝。有杀虫作用，可用于防治车轮虫、隐鞭虫和锚头蚤等寄生虫病。

4. **辣蓼草** 又叫水辣蓼。喜欢生长在湿地、路旁和沟边，于夏秋采集，全国各地都有分布。用于防治鱼类肠炎和烂鳃病。

5.**菖蒲**　为一种多年生草本植物，喜欢生长在沼泽、沟边和湖边。有杀菌作用。主要用于防治泥鳅的肠炎、烂鳃和赤皮病。

6.**车前草**　又名车轮菜、钱贯草、蒲杓草。在我国许多地方的房前屋后、荒地、湿坡上极为常见，能消炎解毒，可主治肠炎、皮炎、溃疡和肿毒。

防治鳅病的常用中草药见图 7-2。

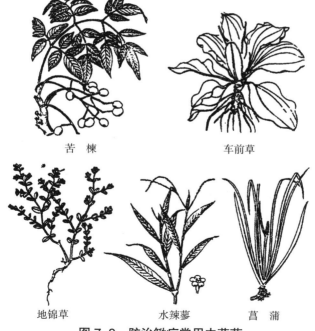

苦　楝　　　　　　　　　车前草

地锦草　　　　水辣蓼　　　菖蒲

图 7-2　防治鳅病常用中草药

四、泥鳅常见病诊治

（一）水霉病

【病因及症状】 水霉病是由水霉菌寄生引起的。水霉菌主要寄生在受伤后未经消毒入池的泥鳅苗种伤口处，或冬眠泥鳅的伤口处，以及春夏季产出的鳅卵上。最初寄生时，肉眼看不出病鳅有什么异样。一旦肉眼能看到时，菌丝已侵入泥鳅伤口，向内外生长，吸取养料，长出棉毛状菌丝，俗称"生毛"。菌丝在鳅体表面迅速生长蔓延，形成肉眼可见的棉花丝一样的白毛，又称"白毛病"。患处肌肉腐烂，病鳅行动迟缓，食欲减退，最终死亡。鳅卵孵化过程中也常发生此病。受害的鳅卵，可以见到菌丝附着在卵膜内，卵膜外的菌丝丛生在水中，故又有"卵丝病"之称。被寄生的鳅卵因其上菌丝呈放射状，所以又叫"太阳籽"。

此病一年四季都可发生，尤以密养的越冬池泥鳅发生最多。患病的主要原因是捕捞、运输时操作不慎，擦伤鳅体或撞伤鳍条，以致霉菌侵入伤口而发病。鳅卵患病主要是因霉菌先侵入没有受精的卵，再感染好卵。尤其在阴雨天，水温低时（15～22℃）极易发生并蔓延。

【防治方法】 ①泥鳅苗种放养前要彻底清塘消毒。②捕捞、运输过程中，操作要细心，尽量避免鳅体受伤。

冬季要防冻，减少水霉菌入侵机会。③发病时按每立方米水用食盐和小苏打各 400 克制成合剂，或亚甲基蓝 3 克的用量标准，将所需药剂制成溶液，做全池泼洒，抑制病情发展。④用 5% 碘酒或 1% 高锰酸钾涂抹成鳅患处。⑤用 3%～5% 食盐溶液浸洗病鳅 3～5 分钟。⑥每平方米水面用烟叶 800 克或香烟 2 盒所泡的水进行泼洒，直至泼完全池；或者取汁浸泡患水霉病的泥鳅 15 分钟。

（二）赤鳍病

【病因及症状】　本病由细菌引起，病原究竟是哪一种菌目前还不清楚。它主要是由于水质恶化、蓄养不当、鱼体受伤而被细菌感染所致。病鳅鳍、腹部以及肛门周围充血，严重时肌肉腐烂。

【防治方法】　①加强日常管理，避免鳅体受伤。②鳅种放养前用高锰酸钾消毒。夏季高温时节要特别注意改善水质，降低水温。③病鳅用 3% 食盐水浸洗 10～15 分钟，或每立方米水加四环素 10 克浸洗 12 小时。④发病鳅池，按每立方米水用漂白粉 1 克的标准，做全池泼洒；同时，每 50 千克泥鳅用磺胺类药物或庆大霉素 5～10 克拌饵投喂，连喂 3～5 天。

（三）烂鳍病（腐鳍病）

【病因及症状】　本病是由一种短杆菌感染所致。多流行于夏季，发病率较高。病鳅背鳍附近的部分表皮脱落，呈灰白色，肌肉开始腐烂，严重者鳍条脱落，肌肉外露，身体两侧水肿，不摄食，甚至死亡。

【防治方法】 每天用每升含 10～50 克土霉素或金霉素的溶液，浸洗病鳅 10～15 分钟。发病鳅池投喂庆大霉素、卡那霉素、新霉素、洁霉素等抗生素类或磺胺类药物制成的药饵，连喂 6～7 天为一个疗程。

（四）腐皮病

【病因及症状】 本病是由嗜水性产气单孢菌嗜水亚种感染引起。感染此病的泥鳅在尾柄两侧有圆形或椭圆形的红色印记，像盖上一个红色印章，所以又叫"打印病"。这个地方鳞片脱落，肌肉腐烂，严重时深可见骨。病鳅身体瘦弱，食欲减退，甚至死亡。该病多发生在 7～8 月份。

【防治方法】 ①按每立方米水体用漂白粉 1 克的标准，将所需漂白粉化水后做全池泼洒，一般可达到治疗目的。②病鳅用 2% 碳酸或干漂白粉直接涂抹患处。③发病鳅池投喂抗生素或磺胺类药物制成的药饵，连喂 6～7 天为一个疗程。

（五）舌杯虫病

【病因及症状】 泥鳅身上寄生舌杯虫后所发生的病害。虫体伸展时像高脚酒杯一样，在身体前端有 1 个圆盘状口围盘，边缘生有纤毛，纤毛摆动带动水流夹带食物进入口围盘，借以捕食。虫体中部有1个卵形大核，体长50微米左右。舌杯虫在泥鳅的皮肤和鳃上大量寄生时，会造成鳅苗呼吸困难，严重时引起死亡。

【防治方法】　①流行季节可采用硫酸铜和硫酸亚铁合剂挂袋预防。②鳅种放养前，每立方米水加8克硫酸铜制成溶液，浸洗15～20分钟，可以预防舌杯虫寄生。⑧一旦有舌杯虫寄生，按每立方米水体用0.5克硫酸铜和0.2克硫酸亚铁的标准，将药剂用水溶化后，做全池泼洒。

（六）车轮虫病

【病因及症状】　该病由车轮虫寄生引起。车轮虫显微镜下俯视呈圆形，直径一般为50微米，侧视像两个重叠的碟子，腹面环生纤毛，虫体活动借纤毛做车轮转动（图7-3）。

图7-3　车轮虫
1. 侧面观　2. 正面观

车轮虫寄生在泥鳅鳃部和体表。病鳅不吃食，离群独游，影响生长，严重时虫子爬满泥鳅体表。治疗不及时，会引起泥鳅死亡，该病多发生在 5～8 月份。

【防治方法】 ①鳅种放养前，鳅池要用生石灰彻底清塘消毒，鳅种要用 3% 食盐水浸泡 10～15 分钟消毒。②该病发生后，按每立方米水体用 0.5 克硫酸铜和 0.2 克硫酸亚铁的标准，将药剂制成溶液，做全池泼洒。

（七）小瓜虫病

【病因及症状】 该病由小瓜虫（图 7-4）寄生引起。患该病的泥鳅体表、鳃、鳍上有白色点状小囊泡，肉眼可见，因此又叫"白点病"。

【防治方法】 该病过去曾用硝酸亚汞、孔雀石绿治疗，但目前二者已经均被列为禁用药物。至今还没有找到替代药物。在夏季，可用升温的方法治疗，使泥鳅池水的温度上升到 30℃，几天后小瓜虫病就会消失。

图 7-4　多子小瓜虫
1. 幼虫　2. 成虫

（八）三代虫和指环虫病

【病因及症状】 三代虫和指环虫（图 7-5），常寄生在泥鳅鳃部和体表上，引起泥鳅生病，感染严重时，泥鳅体色发黑，食欲减退，肉眼可见虫体寄生在泥鳅的鳃丝和体表上。

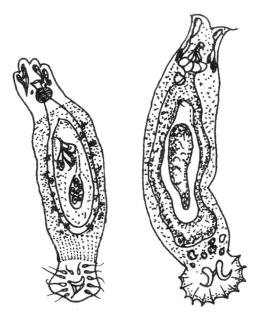

图7-5　指环虫（左）和三代虫（右）

　　【防治方法】　①放养泥鳅前彻底清塘消毒，可以预防这两种寄生虫。②用5%食盐水浸洗病鳅5分钟；或用高锰酸钾1克，加水50升配制成溶液，浸洗15～30分钟。③按每立方米水体用晶体敌百虫0.5克的标准，将药剂化水后，做全池泼洒。

（九）弯体病

【病因及症状】 本病又叫曲骨症，是由于受精卵在孵化过程中，水温过高、过低或变化过大，以及在生长过程中营养不良造成的。典型的症状就是泥鳅脊柱弯曲。

【防治方法】 该病的预防方法就是在鳅卵孵化期保持适宜水温，防止短时间内水温变化过大。平时加强饲养管理，多投些含钙、含维生素丰富的饵料，尤其水泥池无泥养殖和流水养殖泥鳅更应如此。另外，在换水时，也要注意防止水温变化过大。

（十）气泡病

【病因及症状】 气泡病多发生在苗种时期，由于水中某种气体含量过高，形成气泡，被泥鳅苗吞入，或者由鳅苗鳃、皮肤渗入，致使鳅体内有气泡而浮在水面上，严重者会引起死亡。

【防治方法】 预防措施是夏季防止阳光直射鳅池，平时施肥不要过量，并且经常换水，保持水质良好。一旦发现有气泡病症状，可按每 667 米^2 水面用 4～6 千克食盐的标准，化水做全池泼洒，或者用黄泥浆做全池泼洒，或者立即灌注新水。

（十一）白身红环病

【病因及症状】 本病是泥鳅的常见病，是由于捕获后长期在流水环境中蓄养造成的。病鳅身体和鳍呈灰白色，同时身上出现红色环纹。

【防治方法】 ①一旦发现此病，应立即放养。②放养前，用50升水加庆大霉素10克配制成溶液，浸洗病鳅。③放养后，按每立方水体各种含氯制剂的用药标准，配制成溶液做全池泼洒。

（十二）农药中毒

由于农药的不合理使用，中毒的事情常发生在泥鳅养殖中。几种农药对泥鳅的致死浓度见表7-2。

为防止泥鳅中毒，一是要控制农药用量；二是要引用无毒水源，并随时检测水中的农药浓度，发现问题应及时更换用水；三是在养鳅稻田，施药后要立即换水。

表 7-2 几种化学农药对泥鳅的致死浓度

药 品	温度（℃）	致死浓度（克/米^3）
敌百虫	11～18	20～30
五氯酚钠	14～18	0.62（24.5 小时致死浓度）
草毒死	14～18	7.9（24.5 小时致死浓度） 5.4（48.5 小时致死浓度）
艾氏剂	18～20	0.0002～0.002
对硫磷（1605）	4～8	13～16

五、泥鳅敌害生物防治

泥鳅个体小，易受敌害袭击，尤其苗种阶段，几乎水中的任何昆虫都能伤害它。泥鳅的主要敌害生物有水蛇、水鸟、黄鳝、乌鳢、蝌蚪、水蜈蚣、蜻蜓幼虫和红娘华等（图7-6，图7-7）。

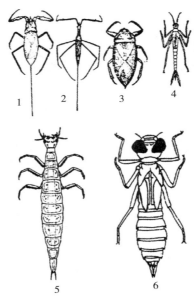

图7-6　为害泥鳅苗种的水生昆虫
1.红娘华　2.水斧虫　3.田鳖
4.豆娘幼虫　5.龙虱幼虫（水蜈蚣）　6.蜻蜓幼虫

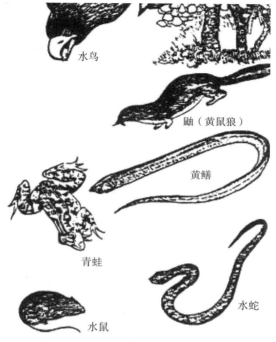

图 7-7　泥鳅的常见敌害

　　防治敌害生物的方法是：放养前彻底清塘。在养殖期间，特别是在鳅苗、鳅种时期，要及时清除敌害生物。对水蜈蚣、蜻蜓幼虫和红娘华等，按每立方米水体用 0.5～0.7 克晶体敌百虫的标准配制成药液，做全池泼洒；也可以在水蜈蚣聚集的水草、粪渣堆处，加倍用药。对于稻田中的水蛇，可用硫磺粉来驱赶，效果十分明显。方法是在田埂、鱼沟和鱼溜附近撒硫磺粉，每 667 米^{2}用 2 千克左右。对水鸟要随时驱赶。对蝌蚪等要及时捞出。对于黄鳝、乌鳢等凶猛鱼类，要在进、排水口处绑上铁丝网或塑料网，防止其进入养鳅池。

六、泥鳅疾病防治禁用药物

目前，我国规定的、禁止在治疗和预防鱼类疾病时使用的药物及添加剂有：硝基呋喃类，包括呋喃唑酮（痢特灵）、呋喃它酮、呋喃苯烯酸钠及制剂；孔雀石绿；五氯酚酸钠；磺胺噻唑；磺胺脒；红霉素；杆菌肽锌；泰乐菌素；环丙沙星；阿伏帕星；喹乙醇；速达肥；各种汞制剂，包括氯化亚汞（甘汞）、硝酸亚汞、醋酸汞、吡啶基醋酸汞；兴奋剂类，包括克仑特罗、沙丁胺醇、西马物罗及盐酯及制剂；性激素类，包括已烯雌酚及其盐、酯及制剂，甲基睾丸酮、丙酸睾酮、苯甲酸雌二醇及其盐、酯及制剂；具有雌激素样作用的物质，包括玉米赤霉醇、去甲雌三烯醇酮、醋酸甲孕酮及制剂；氯霉素及其盐、酯（包括琥珀氯霉素及制剂）；氨苯砜及制剂；硝基化合物：硝基酚钠；林丹（丙体六六六）；毒杀芬（克化烯）；呋喃丹（克百威）；杀虫脒（克死螨）；双甲脒；酒石酸锑钾；锥虫肿胺；催眠、镇静类，包括安眠酮、氯丙嗪、地西泮（安定）及其盐、酯及制剂；硝基咪唑类，包括地美硝唑及其盐、酯及制剂；地虫硫磷；滴滴涕；氟氯氰菊酯；氟氰戊菊酯等21大类化学品。

尤其需要提醒养殖户朋友的是：过去水产上常用的

用于防治水霉病的孔雀石绿，防治细菌病的红霉素、氯霉素、环丙沙星、呋喃唑酮、磺胺脒、磺胺胍，用于添加入饲料促生长的喹乙醇、速达肥，用于防治小瓜虫病的硝酸亚汞、醋酸汞等药物，现在都属于禁用药物，请养殖户朋友千万不要再使用。

第八章
泥鳅的捕捞和运输

一、常用泥鳅捕捞方法

常用的捕捞泥鳅的方法，有网捕法、笼捕法、盆捕法、驱捕法、诱捕法、袋捕法、干池捕捉法、照捕法和钓捕法。捕捞的时间在 7～11 月份。

（一）网捕泥鳅

捕捞泥鳅的网具，有扳罾网、套张网和三角抄网。

1. **扳罾网** 由两根成"十"字交叉的弯竹和所连接的一块方形网片构成（图 8-1）。在弯竹交叉的地方系一根绳子，绳子的一端系上作为浮标的木片或鹅毛，在网片中间放一些沉性饵料。捕鳅的时候，把扳罾网敷设在泥鳅比较集中的地段，每隔几米沉放一架扳罾网。当泥鳅密集在网上吃饵料时，将扳罾网提起，用小捞海捞泥鳅即可。

图 8-1　板罾网作业图

2. 套张网　呈囊袋形（图 8-2），捕鳅时，把它套在池塘、小水库和沟渠等的排水口上。排水时，泥鳅顺水而下，即落入网中。

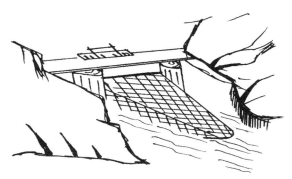

图 8-2　套张网作业图

3. 三角抄网　由网身和网架构成，网身前口大而浅，后部小而深，中央呈浅囊形。网目视捕捉泥鳅的大小而定。网架呈等腰梯形，两腰上安有两个抄把（图 8-3）。三角抄网作业多在平底浅水处，比如鱼沟、鱼溜、养鳅池排水口处的集鱼坑等。也可以在泥鳅栖息的水边，事先堆放一些草，当水温下降时，泥鳅会钻入草中栖居，此时用抄网连鳅带草一起抄起，拿出草分开鳅即可。

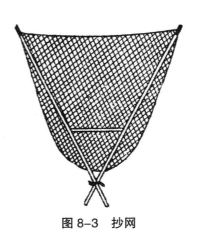

图 8-3 抄网

（二）笼捕泥鳅

笼捕法就是用鳅笼捕泥鳅的方法。鳅笼（图 8-4）由竹篾编成，长 30 厘米，粗 9 厘米，笼口安上易进不易出的漏斗状倒须。

使用时，在笼内放上诱饵，将鳅笼放在泥鳅集中的地方，如鳅池的边角，稻田的鱼沟、鱼溜中。一个人可照看几十只笼子，白天、晚上都能作业，每隔 1 小时提起笼子看一下，有泥鳅进笼就倒出来，然后将鳅笼放回原处，继续诱捕泥鳅。

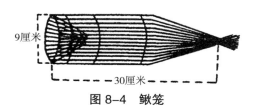

9厘米

30厘米

图 8-4　鳅笼

（三）盆捕泥鳅

采用盆捕法作业时，先取几个普通脸盆，盆内放上少量炒熟的饵料，在盆口蒙上一层纱布或塑料薄膜，用绳子拴牢，纱布要松弛些，稍向盆内下垂，不要过紧，纱布中间开几个像拇指粗一样的洞。然后将盆埋在有泥鳅活动的水底泥中，盆沿与泥面相齐，并用少量底泥涂抹纱布，以作伪装（图8-5）。泥鳅外出觅食时，顺着饵料的香味游过去，钻入盆中即被捕获。一般在傍晚埋盆，第二天早晨起出。

诱饵

图 8-5　盆捕泥鳅

（四）麻袋捕泥鳅

袋捕法是利用普通麻袋捕捞泥鳅的方法。诱捕泥鳅的麻袋里面装有由炒米糠、蚕蛹粉和腐殖土混合而成的饵料。作业时，将装有饵料的麻袋平放在水底，袋内放一些带枝杈的树枝，让袋子鼓起来，袋口张开，泥鳅到麻袋内觅食时即被捕捉。此法适宜在4～5月份的白天使用。若在8月份后使用，则要在晚上放袋，第二天日出前取出，效果较好。

（五）诱捕泥鳅

诱捕法与盆捕法类似，用小口大肚的坛子、罐子或鱼篓等容器，在容器口覆盖两层布，用细绳扎紧，布中心开一个直径3厘米的小洞，另外用布缝一个长7厘米、粗3厘米的布筒，两头开口，一头缝在容器口盖布中心孔的边沿上，一头垂向容器内。在容器口的两层夹布中间放一些煮熟的碎肉骨、屠宰禽畜的下脚料等。

傍晚将容器放置水底，按入泥中，使容器口稍低于泥面，然后弄平容器周围的泥面。夜间泥鳅出来觅食，被诱饵所吸引，由圆布筒钻入容器。第二天早晨，取出容器，倒出泥鳅即可。

（六）驱捕泥鳅

这种捕鳅法是利用药物将泥鳅驱赶到没有药的地方，然后予以集中捕捞的办法。常用药物是茶枯（榨取茶油后的残存物），用前打成浆即可。驱捕法常用于稻田捕鳅。做法有两种：一种是在稻田四角用软泥堆一个小巢堆，高出水面几厘米。在稻田的另一侧开始慢慢向全田泼洒茶枯浆，每 667 米^{2}用量 20 千克。小巢堆上不泼洒茶枯浆。泼洒后大多数的泥鳅就会钻入小巢堆里，第二天用抄网连鳅带巢堆一起抄起。另一种做法是每 667 米^{2}用茶枯 5～6 千克。将茶枯用火烘烤 3～5 分钟，取出后趁热研成粉末，再用水浸泡，静置 3～5 小时。然后慢慢放水，当田水降到 3～5 厘米时，在傍晚，从进水口向排水口逐步均匀泼洒药液，排水口附近鱼溜不洒，将泥鳅驱入其中，然后用抄网捕捞。

采用这种方法时要注意：药物必须随配随用；用药量要严格控制，量小效果不明显，量大泥鳅会被毒昏甚至毒死；泼洒药物要均匀；巢堆要高出水面，其他地方要耙平，不要高出水面。

（七）照捕泥鳅

泥鳅一般下半夜在水底觅食，上半夜睡眠。采用此法时，可以将人工养殖池池水放浅，然后在上半夜用手电筒照明，用抄网抄捕池中的泥鳅。此法适合于水泥池养殖泥鳅的捕捞。

（八）钓捕泥鳅

在乱石林立、无法用其他渔具捕捞的深水河道、坑塘等天然水域中，可以用钓钩钓泥鳅。钓鳅时，使用普通鱼竿和小号钓钩，用蚯蚓段作诱饵。蚯蚓段不要太大，只要包住钩尖即可。将钓钩沉到水底。泥鳅吃食时有试探和用口须辨别食物的习性，所以漂子会出现四种假信号：一是漂子轻微地沉浮，这是泥鳅用口须在搜索诱饵。二是漂子斜向移动后就不动了，这是钩尖前端的部分饵已经被咬去了，鳅唇触到钩尖而警觉的缘故。三是漂子突然上升后迅速回落，这是泥鳅游动中扭曲的尾部带住鱼线造成的。四是漂子左右晃动得厉害却不见下沉，这是泥鳅马蹄形的嘴在吃饵时不能一下子叼住鱼钩时的反应。若出现这四种情况，要耐心等待正确信号的出现。正确的漂子信号是：漂子上下沉浮 3～4 次后，紧接着下沉不再上浮。此时，立即提竿，往往就有收获。泥鳅体滑，摘钩不易，可用中指勾住鳅体中段，食指和无名指配合将泥鳅夹住再摘钩。

（九）干池捕泥鳅

这种方法是成鳅和鳅种在不同水域养殖中的最终捕捉方法。捕捞一般在深秋进行。进行干池捕捉，放水前应先在排水口套上张网，可捕获近一半的泥鳅，剩下的泥鳅集中在排水口附近的集鱼坑内，用抄网抄起就可以了。采用水泥池无土养泥鳅的，将人工鱼礁拿出，可直接从鱼礁中倒出泥鳅。

稻田排水捕捉，要在水稻黄熟时或水稻收割后进行。稻田中的水应分两次排出。第一次排水时，让稻田泥面露出，泥鳅会游到鱼沟或鱼溜内栖息。第二次排水在第一次排水两天后进行，主要是排放鱼沟鱼溜内的水。当泥鳅集中在鱼溜中时，用抄网将其捕起。留在田面里的泥鳅，有两种处理方法：在长江以南地区，天气温暖，一般让这些泥鳅留在泥中越冬，第二年再养；长江以北地区，天气寒冷，要连泥带鳅挖入铁筛内，用水冲去淤泥后再捕起泥鳅。

用干池法捕捉泥鳅，排水速度要慢，不能惊扰泥鳅，否则泥鳅会钻入泥中，不随水流而走，水排干后，集鱼坑中泥鳅不多，从而影响捕捞效果。

二、泥鳅的运输

运输泥鳅的方法，常用的有以下三种：

（一）干法运输

泥鳅能用肠呼吸，因此离水一段时间后，只要皮肤湿润就不会死亡。干法运输就是利用这一特点进行短途运输。干法运输时间最好选在早春和晚秋，采用光滑的集装箱，并在箱内放入蓬松、湿淋淋的水草，将泥鳅均匀撒放在水草中间。然后将几个箱子叠放在一起，绑结实，即可起运。运输时泥鳅不要堆得太厚，以利于泥鳅用肠呼吸。运输时间一般不要超过3小时。如果时间稍长，中途要适当淋水，保持泥鳅体表的湿润。

（二）鱼篓运输

运鳅鱼篓（图8-6）用竹篾编成，上圆下方，内用油棉纸粘贴，光滑而不漏水。上口径约为90厘米，底边长70厘米，高77厘米，市场有售，可装水200～250升。

图8-6　鱼篓

运输前在篓内加水，然后放入泥鳅。1.3厘米长以下的鳅苗，可放50万尾；1.5～2.0厘米长的鳅苗，可放10万尾；2.5厘米长的鳅种，可放5万尾；3.5厘米长的鳅种，可放3万尾；5厘米长的鳅种，可放2万尾；7厘米长的鳅种，可放7 000尾；10厘米长的泥鳅，可放4 000尾。尽量不要在高温季节运输，运输途中要注意降温。用水桶、塑料桶和帆布篓等容器盛水运输也可。运输密度可参照鱼篓运输密度推算。

（三）塑料袋运输

用一般家鱼鱼苗运输袋（图8-7），装水1/3，再装入泥鳅，充上氧气，使塑料袋鼓起并有一定弹性，然后扎紧袋口即可。每袋可装鳅苗10万尾或鳅种3 000尾左右。装苗后塑料袋最好平放在纸箱中。

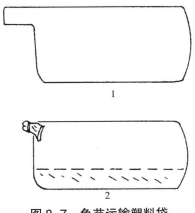

图8-7　鱼苗运输塑料袋
1. 平面图　　2. 盛鱼后充氧密封情况

　　用鱼篓和塑料袋运输，总体来说，称之为泥鳅的湿运。

（四）泥鳅运输注意事项

　　第一，运输前必须对泥鳅进行暂养，以排除其体内的粪便和污物。暂养期3～5天即可，期间不投饵。若是长距离运输鳅苗，则要在起运前喂1次咸鸭蛋黄。其方法是，将煮熟的鸭蛋剥去壳和蛋白，用纱布包好蛋黄放入水盆中揉搓，使蛋黄颗粒均匀地悬浮于水中，然后将蛋黄水泼洒到装鳅苗的容器内。每10万尾鳅苗投喂1

个蛋黄。投喂 2～3 小时后，换水装运。

第二，运输用水一定要清洁，水温和泥鳅暂养池的水温要一致，最大温差不能超过 3℃。为了提高运输成活率，可用小塑料袋包些碎冰块放入运鱼水中。也可在起运前，将装好泥鳅、充满气的塑料袋先放入冷水中 10～20 分钟，以降低水温。

第三，如果用鱼篓等敞口容器运泥鳅，时间长则要换水。每次换水为总水量的 1/3，并注意使水的温差保持在允许的范围之内。换水时用胶皮管吸出底部的脏水后，再对入新水。若温差较大，可使新水缓慢地淋入容器中。

第四，为提高运输泥鳅的成活率，可在水中加入青霉素，通常每升水加 2 000～4 000 单位。另外，在运输中停车时，不要关闭发动机，使车体保持震动，有利于增加水中的溶解氧。

附录 1　渔业水质标准

（mg/L）

项目序号	项 目	标准值
1	色、臭、味	不得使鱼虾、贝、藻类带有异色、异臭、异味
2	漂浮物质	水面不得出现明显油膜或浮沫
3	悬浮物质	人为增加的量不得超过 10，而且悬浮物质沉积于底部后，不得对鱼虾贝类产生有害的影响
4	pH 值	淡水 6.5～8.5，海水 7.0～8.5
5	溶解氧	连续 24h 中，16h 以上必须大于 5，其余任何时候不得低于 3，对于鲑科鱼类栖息水域冰封期其余任何时候不得低于 4
6	生化需氧量（5 天 20℃）	不超过 5，冰封期不超过 3
7	总大肠菌群	不超过 5 000 个 /L（贝类养殖水质不超过 500 个 /L）
8	汞	≤ 0.0005
9	镉	≤ 0.005
10	铅	≤ 0.05
11	铬	≤ 0.1
12	铜	≤ 0.01
13	锌	≤ 0.1
14	镍	≤ 0.05
15	砷	≤ 0.055
16	氰化物	≤ 0.2

项目序号	项　目	标准值
17	硫化物	≤ 1
18	氟化物（以 F⁻ 计）	≤ 0.02
19	非离子氨	≤ 0.05
20	凯氏氮	≤ 0.05
21	挥发性酚	≤ 0.005
22	黄磷	≤ 0.001
23	石油类	≤ 0.05
24	丙烯腈	≤ 0.5
25	丙烯醛	≤ 0.02
26	六六六（丙体）	≤ 0.002
27	滴滴涕	≤ 0.001
28	马拉硫磷	≤ 0.005
29	五氯酚酚钠	≤ 0.01
30	乐果	≤ 0.1
31	甲胺磷	≤ 1
32	甲基对硫磷	≤ 0.005
33	呋喃丹	≤ 0.01

（摘自《GB 11607-89 渔业水质标准》）

附录 2 　淡水养殖用水水质要求

项目序号	项　目	标准值
1	色、臭、味	不得使鱼虾、贝、藻类带有异色、异臭、异味
2	总大肠菌数，个 /L	≤ 5 000
3	汞，mg/L	≤ 0.0005
4	镉，mg/L	≤ 0.005
5	铅，mg/L	≤ 0.05
6	铬，mg/L	≤ 0.1
7	铜，mg/L	≤ 0.01
8	锌，mg/L	≤ 0.1
9	砷，mg/L	≤ 0.05
10	氟化物，mg/L	≤ 1
11	石油类，mg/L	≤ 0.05
12	挥发性酚 mg/L	≤ 0.005
13	甲基对硫磷，mg/L	≤ 0.0005
14	马拉硫磷，mg/L	≤ 0.005
15	乐果，mg/L	≤ 0.1
16	六六六（丙体），mg/L	≤ 0.002
17	DDT，mg/L	≤ 0.001

（摘自《NY 5051 无公害食品　淡水养殖用水水质》）

············· 附录3　渔用配合饲料的安全指标限量 ·············

项　目	限　量	适用范围
铅（以 Pb 计）/（mg/kg）	≤ 5.0	各类渔用配合饲料
汞（以 Hg 计）/（mg/kg）	≤ 0.5	各类渔用配合饲料
无机砷（以 As 计）/（mg/kg）	≤ 3	各类渔用配合饲料
镉（以 Cd 计）（mg/kg）	≤ 3	海水鱼类、虾类配合饲料
	≤ 0.5	其他渔用配合饲料
铬（以 Cr 计）/（mg/kg）	≤ 10	各类渔用配合饲料
氟（以 F 计）/（mg/kg）	≤ 350	各类渔用配合饲料
游离棉酚（mg/kg）	≤ 300	温水杂食性鱼类、虾类配合饲料
	≤ 150	冷水性鱼类、海水鱼类配合饲料
氰化物/（mg/kg）	≤ 50	各类渔用配合饲料
多氯联苯/（mg/kg）	≤ 0.3	各类渔用配合饲料
异硫氰酸醋/（mg/kg）	≤ 500	各类渔用配合饲料
噁唑烷硫酮/（mg/kg）	≤ 500	各类渔用配合饲料
油脂酸价（koh）/（mg/g）	≤ 2	渔用育苗配合饲料
	≤ 6	渔用育成配合饲料
	≤ 3	鳗鲡育成配合饲料
黄曲霉毒素 B$_1$/（mg/kg）	≤ 0.01	各类渔用配合饲料
六六六/（mg/kg）	≤ 0.3	各类渔用配合饲料
滴滴涕/（mg/kg）	≤ 0.2	各类渔用配合饲料
沙门氏菌/（cfu/25g）	不得检出	各类渔用配合饲料
霉菌/（cfu/g）	≤ 30 000	各类渔用配合饲料

（摘自《NY 5072 无公害食品　渔用配合饲料安全限量》）

渔药名称	用 途	用法与用量	休药期 /d	注意事项
氧化钙（生石灰）	用于改善池塘环境，清除敌害生物及预防部分细菌性鱼病	带水清塘：200～250 mg/L（虾类：350～400 mg/L）全池泼洒：20～25 mg/L（虾类：15～30 mg/L）		不能与漂白粉、有机氯、重金属、有机络合物混用
漂白粉	用于清塘、改善池塘环境及防治细菌性皮肝病、烂鳃病、出血病	带水清塘：20 mg/L全池泼洒：1.0～1.5 mg/L	≥ 5	1. 勿用金属容器盛装2. 勿与酸、铵盐、生石灰混用
二氯异氰尿酸钠（优氯净、漂粉精）	用于清塘及防治细菌性皮肤溃烂病、烂鳃病、出血病	全池泼洒：0.3～0.6 mg/L	≥ 10	勿用金属容器盛装
三氯异氰尿酸（强氯精）	用于清塘及防治细菌性皮肤溃疡病、烂鳃病、出血病	全池泼洒：0.2～0.5 mg/L	≥ 10	1. 勿用金属容器盛装2. 针对不同的鱼类和水体的 pH 值，使用量应适当增减

渔药名称	用 途	用法与用量	休药期/d	注意事项
二氧化氯	用于防治细菌性皮肤病、烂鳃病、出血病	浸浴：20～40 mg/L，5～10min 全池泼洒：0.1～0.2 mg/L，严重时 0.3～0.6mg/L	≥10	1. 勿用金属容器盛装 2. 勿与其他消毒剂混用
二溴海因	用于防治细菌性和病毒性疾病	全池泼洒：0.2～0.3 mg/L		
氯化钠（食盐）	用于防治细菌、真菌或寄生虫疾病	浸浴：1%～3%，5～30min		
硫酸铜	用于治疗纤毛虫、鞭毛虫等寄生性原虫病	浸浴：8mg/L（海水鱼类：8～10 mg/L）15～30min 全池泼洒：0.5～0.7 mg/L（海水鱼类：0.7～1.0 mg/L）		1. 常与硫酸亚铁合用 2. 广东鲂慎用 3. 勿用金属容器盛装 4. 使用时注意池塘增氧 5. 不宜用于治疗小瓜虫病
硫酸亚铁（硫酸低铁、绿矾、青矾）	用于治疗纤毛虫、鞭毛虫等寄生性原虫病	全池泼洒：0.2mg/L（与硫酸铜合用）		1. 治疗寄生虫性原虫病时需与硫酸铜合用 2. 乌鳢慎用

续表

渔药名称	用　途	用法与用量	休药期/d	注意事项
高锰酸钾（锰酸钾、灰锰氧、锰强灰）	用于杀灭锚头鳋	浸浴：10～20mg/L，15～30min 全池泼洒：4～7 mg/L		1. 水中有机物含量高时药效降低 2. 不宜在强烈阳光下使用
四烷基季铵盐络合碘（季铵盐含量为50%）	对病毒、细菌、纤毛虫、藻类有杀灭作用	全池泼洒：0.3 mg/L（虾类相同）		1. 勿与碱性物质同时使用 2. 勿与阴性离子表面活性剂混用 3. 使用后注意池塘增氧 4. 勿用金属容器盛装
大蒜（含大蒜素10%）	用于防治细菌性肠炎	拌饵投喂：10～30g/kg体重，连用4～6d（海水鱼类相同）		
大蒜（含大蒜素10%）	用于防治细菌性肠炎	0.2g/kg体重，连用4～6d（海水鱼类相同）		
大　黄	用于防治细菌性肠炎、烂鳃	全池泼洒：2.5～4.0 mg/L（海水鱼类相同） 拌饵投喂：4～5g/kg体重，连用4～6d（海水鱼类相同）		投喂时常与黄芩、黄柏合用（三者比例为5∶2∶3）

渔药名称	用　途	用法与用量	休药期/d	注意事项
黄芩	用于防治细菌性肠炎、烂鳃、赤皮、出血病	拌饵投喂：2～4g/kg 体重，连用 4～6d（海水鱼类相同）		投喂时需与大黄、黄柏合用（三者比例为 2∶5∶3）
黄柏	用于防治细菌性炎、出血	拌饵投喂：3～6g/kg 体重，连用 4～6d（海水鱼类相同）		投喂时需与大黄、黄芩合用（三者比例为 3∶5∶2）
五倍子	用于防治细菌性烂鳃、赤皮、白皮、疖疮	全池泼洒：2～4 mg/L（海水鱼类相同）		
穿心莲	用于防治细菌性肠炎、烂鳃、赤皮	全池泼洒：15～20mg/L　拌饵投喂：10～20g/kg 体重，连用 4～6d		
苦参	用于防治细菌性肠炎、竖鳞	全池泼洒：1.0～1.5mg/L　拌饵投喂：1～2g/kg 体重，连用 4～6d		
土霉素	用于治疗肠炎病、弧菌病	拌饵投喂：50～80mg/kg 体重，连用 4～6d（海水鱼类相同，虾类：50～80mg/kg 体重，连用 5～10d）	≥30（鳗鲡）≥21（鲶鱼）	勿与铝、镁离子及卤素、碳酸氢钠、凝胶合用

续表

渔药名称	用　途	用法与用量	休药期 /d	注意事项
噁喹酸	用于治疗细菌性肠炎病、赤鳍病，香鱼、对虾弧菌病、鲈鱼结节病，鲱鱼疖疮病	拌饵投喂：10～30mg/kg体重，连用5～7d（海水鱼类：1～20mg/kg体重；对虾6～60mg/kg体重，连用5d）	≥25（鳗鲡）≥21（鳗鱼、香鱼）≥16（其他鱼类）	用药量视不同的疾病有所增减
磺胺嘧啶（磺胺哒嗪）	用于治疗鲤科鱼类的赤皮病、肠炎病，海水鱼链球菌病	拌饵投喂：100mg/kg体重，连用5d（海水鱼类相同）		1.与甲氧苄氨嘧啶（TMP）同用，可产生增效作用2.第一天药量加倍
磺胺甲基噁唑（新诺明、新明磺）	用于治疗鲤科鱼类的肠炎病	拌饵投喂：100mg/kg体重，连用5～7d	≥30	1.不能与酸性药物同用2.与甲氧苄氨嘧啶（TMP）同用，可产生增效作用3.第一天药量加倍
磺胺间甲氧嘧啶（制菌磺、碘胺-6-甲氧嘧啶）	用于治疗鲤科鱼类的竖鳞病、赤皮病及弧菌病	拌饵投喂：50～100mg/kg体重，连用4～6d	≥37（鳗鲡）	1.与甲氧苄氨嘧啶（TMP）同用，可产生增效作用2.第一天药量加倍

渔药名称	用　途	用法与用量	休药期 /d	注意事项
氟苯尼考	用于治疗鳗鲡爱德华氏病、赤鳍病	拌饵投喂：10.0 mg/d 体重，连用 4～6d	≥7（鳗鲡）	
聚维酮碘（聚乙烯吡咯烷酮碘、皮维碘、PVP-1、伏碘）（有效碘1.0%）	用于防治细菌性烂鳃病、弧菌病、鳗鲡红头病。并可用于预防病毒病：如草鱼出血病、传染性胰腺坏死病、传染病造血组织坏死病、病毒性出血败血症	全池泼洒：海、淡水幼鱼、幼虾：0.2～0.5mg/L　海、淡水成鱼、成虾：1～2mg/L　鳗鲡：2～4 mg/L　浸浴：草鱼种：30 mg/L，15min　鱼卵：30～50 mg/L（海水鱼卵：25～30 mg/L），5～15min		1. 勿与金属物品接触　2. 勿与季铵盐类消毒剂直接混合使用

注：1. 用法与用量栏未标明海水鱼类与虾类的均适用于淡水鱼类
　　2. 休药期为强制性
　　摘自《NY 5071 无公害食品　渔用药物使用准则》

药物名称	别　名	药物名称	别　名
地虫硫磷	大风雷	锥虫胂胺	
六六六 BHC（HCH）		酒石酸锑钾	
林丹	丙体六六六	磺胺噻唑	消治龙
毒杀芬	氯化莰烯	磺胺脒	磺胺胍
滴滴涕 DDT		呋喃西林	呋喃新
甘汞	氯化亚汞	呋喃唑酮	痢特灵
硝酸亚汞		呋喃那斯	P-7138（实验名）
醋酸汞		氯霉素 （包括其盐、酯及制剂）	
呋喃丹	克百威、大扶农	红霉素	
杀虫脒	克死螨	杆菌肽锌	枯草菌肽
双甲脒	二甲苯胺脒	泰乐菌素	
氟氯氰菊酯	百树菊酯、百树得	环丙沙星	环丙氟哌酸
氟氰戊菊酯	保好江乌 氟氰菊酯	阿伏帕星	阿伏霉素
五氯酚钠		喹乙醇	喹酰胺醇羟乙喹氧
孔雀石绿	碱性绿、盐基块绿、孔雀绿	速达肥	苯硫哒唑氨甲基甲酯

药物名称	别　名	药物名称	别　名
已烯雌酚（包括二醇等其他类似合成等雌性激素）	乙烯雌酚，人造求偶素	甲基睾丸酮（包括丙酸睾丸素、去氢甲睾酮以及同化物等雌性激素）	甲睾酮甲基睾酮

三农编辑部新书推荐

书　名	定　价
西葫芦实用栽培技术	16.00
萝卜实用栽培技术	16.00
杏实用栽培技术	15.00
葡萄实用栽培技术	19.00
梨实用栽培技术	21.00
特种昆虫养殖实用技术	29.00
水蛭养殖实用技术	15.00
特禽养殖实用技术	36.00
牛蛙养殖实用技术	15.00
泥鳅养殖实用技术	19.00
设施蔬菜高效栽培与安全施肥	32.00
设施果树高效栽培与安全施肥	29.00
特色经济作物栽培与加工	26.00
砂糖橘实用栽培技术	28.00
黄瓜实用栽培技术	15.00
西瓜实用栽培技术	18.00
怎样当好猪场场长	26.00
林下养蜂技术	25.00
獭兔科学养殖技术	22.00
怎样当好猪场饲养员	18.00
毛兔科学养殖技术	24.00
肉兔科学养殖技术	26.00
羔羊育肥技术	16.00

三农编辑部即将出版的新书

序　号	书　名
1	提高肉鸡养殖效益关键技术
2	提高母猪繁殖率实用技术
3	种草养肉牛实用技术问答
4	怎样当好猪场兽医
5	肉羊养殖创业致富指导
6	肉鸽养殖致富指导
7	果园林地生态养鹅关键技术
8	鸡鸭鹅病中西医防治实用技术
9	毛皮动物疾病防治实用技术
10	天麻实用栽培技术
11	甘草实用栽培技术
12	金银花实用栽培技术
13	黄芪实用栽培技术
14	番茄栽培新技术
15	甜瓜栽培新技术
16	魔芋栽培与加工利用
17	香菇优质生产技术
18	茄子栽培新技术
19	蔬菜栽培关键技术与经验
20	李高产栽培技术
21	枸杞优质丰产栽培
22	草菇优质生产技术
23	山楂优质栽培技术
24	板栗高产栽培技术
25	猕猴桃丰产栽培新技术
26	食用菌菌种生产技术